レスポンシブWebデザイン
マルチデバイス時代のコンセプトとテクニック

菊池 崇
Takashi Kikuchi

ASCII

○本書は情報の提供のみを目的としています。本書(サンプルプログラムを含む)を運用した結果について、著者およびアスキー・メディアワークスは一切の責任を負いません。

○本書の内容は2013年6月現在の情報に基づいています。WebサイトのURLやソフトウェアのバージョン等は予告なく変更されている場合があります。

○本書に登場する会社名、商品名は該当する各社の商標または登録商標です。
本書では®マークおよび™マークの表示を省略しています。

はじめに

「レスポンシブWeb デザイン」はいまやスマートフォン対応の一般的な制作手法として認められ、企業サイトでも広く採用されるようになってきました。レスポンシブWebデザインに関する情報も以前よりも増え、有用なブログ記事や書籍も多数あります。

そうした中で、本書では、今日のWebの流行になるべく流されず、また、他のリソースに埋もれないように、レスポンシブWebデザインの原理・原則に重きをおいて説明するように心がけました。

過去にレスポンシブWebデザインに取り組んでみたものの断念した方や、レスポンシブWebデザインの課題——たとえば、ブレイクポイントの設定や画像の処理について困っている方は、ぜひとも本書を手にレスポンシブWebデザインに再度チャレンジしてみてください。

また、すでにレスポンシブWebデザインを業務に取り入れている方にも気付きがあるように、文字数を元にしたブレイクポイントの設定やパフォーマンスの改善策などの上級テクニックも多数盛り込みました。本書を参考にしていただくことで、さらに一歩踏み込んだレスポンシブWebデザインの世界へと進めることでしょう。

読者のみなさんが本書を元に、レスポンシブWebデザインについて今まで以上に、より正しく深く理解していただければ幸いです。

本書の執筆に際して、東海ソフトの舘さま、カラーエナジーの桑子さん、ゆめいろデザインの東さんに協力をいただきました。サンプルサイトの構築やデザイン、資料としての掲載の許可など、たくさんのご協力をいただき、本当にありがとうございました。

また、業務時間を割いてまで技術的な教授をいただいた英国Clearleft社のJeremy Keith氏、StuffandNonsense社のAndy Clarke氏、Fluid ImageについてアドバイスをいただいたEthan Marcotte氏、データを提供いただいたLuke Wroblewski氏にも心からお礼を申し上げます。

最後に、3年という長い執筆期間に最後まで付き合ってくれた、編集の京塚さん、小橋川さん、中野さん、そして厳しく私を叱咤激励をしてくれたallWebクリエイター塾の大本さんありがとうございました。

菊池 崇

第1章 【導入編】
マルチデバイス時代とレスポンシブWebデザインの誕生 ……11

1-1 レスポンシブWebデザインとは ……12
- レスポンシブWebデザインの背景 ……12
- レスポンシブWebデザインによる解決 ……15
- 広がるレスポンシブWebデザインの事例 ……17
- レスポンシブWebデザインの3大要素 ……19

[Follow up❶] レスポンシブWebデザインを支える「モバイルファースト」のコンセプト ……21

第2章 【基礎編】
サンプルで学ぶレスポンシブWebデザインの基本 ……25

2-1 レスポンシブWebデザインのワークフローと画面設計 ……26
- レスポンシブWebデザインのワークフロー ……26
- コンテンツの洗い出しと画面設計 ……27
- コンテンツ素材の準備 ……29

2-2 HTMLの用意とリセットCSSの作成 ……30
- ベースとなるHTMLの記述 ……30
- Viewportの指定 ……33
- CSSの記述は小さなスクリーンから ……34
- CSSのリセット ……37

2-3 フルードイメージの導入とタイポグラフィの基本設定 ……44
- フルードイメージによる画像の伸縮 ……44
- タイポグラフィの基本設定 ……46

2-4 ヘッダー／フッターとコンテンツ領域のスタイリング ……50
- ヘッダー部分の指定 ……50
- ナビゲーションバーの設定 ……51
- メインコンテンツの指定 ……55
- フッターの指定 ……57

2-5 メディアクエリーの設定とグリッドデザインの導入 ……61
- メディアクエリーの設定 ……61
- グリッドデザインによる2カラムのレイアウト ……64

2-6 フルードグリッドへの変換 ……75
- フルードグリッドへの変換方法 ……75
- サンプルサイトの完成 ……78

2-7 レスポンシブタイプセッティング ……89
- レスポンシブタイプセッティングとは ……89
- emによるサイズの指定 ……90
- emを採用する理由 ……93
- 実例に見るレスポンシブタイプセッティング ……94
- em値を簡単に導く方法 ……103

[Follow up❷] Viewportを理解しよう ……40
[Follow up❸] メディアクエリーを使いこなす ……70
[Follow up❹] フルードグリッドの必要性 ……85
[Follow up❺] 次の新しい単位「rem」 ……105
[Follow up❻] スマートフォンで文字を見やすくするテクニック ……107

第3章 【実践編】商用サイトで通じるプロのテクニック ……109

3-1 リセットCSSの最適化 ……110
- Normalize.cssを利用する ……110
- 日本語環境へのカスタマイズ ……111
- Normalize.cssのまとめ ……121

3-2 Less Frameworkを利用したグリッドレイアウト ……122
- Less Frameworkの仕組み ……122
- Less Frameworkの使い方 ……123
- フルードグリッドへのカスタマイズ ……126

3-3 レスポンシブイメージの実装 ……128
メディアクエリーとbackgroundによる切り替え ………128
Response.jsによるimg要素の置換 ………134

3-4 高解像度ディスプレイへの対応 ……143
高解像度で「ぼける」理由 ………143
高解像度ディスプレイに対応する方法 ………144

3-5 ナビゲーションパターンとレイアウト設計 ……150
コンテンツファースト、ナビゲーションセカンド ………150
基本となるレイアウトパターンを学ぶ ………151
タッチデバイスでの操作を考慮したナビゲーション ………155

3-6 テーブルとビデオのレスポンシブ化 ……157
レスポンシブテーブルの実装 ………157
エラスティックビデオの埋め込み ………163

[Follow up❼] srcset属性によるレスポンシブイメージの標準化 ………149

[Follow up❽] デザイニングインザブラウザーを助けるツール ………166

第4章 【応用編】高度なレスポンシブWebデザインの実践 ……173

4-1 文字数をベースにしたブレイクポイントの設定 ……174
文字数でデザインする3つの理由 ………174
emによるブレイクポイントの設定 ………176
Conditional Content Loaderによるコンテンツの出し分け ………178

4-2 パフォーマンス改善の基本 ……185
パフォーマンス改善は計画的に取り組もう ………185
パフォーマンス改善のための5つの施策 ………185

4-3 Data URIとアイコンフォントによるHTTPリクエストの削減 ……191
Data URIでHTTPリクエストを削減する ………191
アイコンフォントの利用 ………193

4-4 画像の最適化によるパフォーマンスの改善 ……198
画像圧縮ツールで容量を減らす ……198
軽量化のための画像編集のアイデア ……201
Photoshopによる画像最適化の実践 ……203
Retina Firstのアプローチ ……209

4-5 ソーシャルメディアボタンの最適化 ……212
ソーシャルメディアボタンに対応する3つの方法 ……212
Socialiteの使い方 ……215

4-6 これからのレスポンシブWebデザイン ……222
レスポンシブWebデザインの理想 ……222
[Follow up❾] パフォーマンス計測ツールの利用 ……218
[Follow up❿] スマートテレビとレスポンシブWebデザイン ……227

索引 ……230

〈本書の構成〉

本書は、スマートフォンやタブレットなどのマルチデバイスへワンソースで対応する手法「レスポンシブWebデザイン」について解説した本です。全4章からなり、レスポンシブWebデザインの基礎から、商用サイトで必須の実践的ノウハウ、上級テクニックまでを紹介しています。

第1章【導入編】マルチデバイス時代とレスポンシブWebデザインの誕生

レスポンシブWebデザインが求められる背景と概要を解説します。レスポンシブWebデザインと他の制作アプローチとの違い、技術的な特徴、国内外の導入事例について紹介します。

第2章【基礎編】サンプルで学ぶレスポンシブWebデザインの基本

レスポンシブWebデザインの3大要素である「メディアクエリー」「フルードイメージ」「フルードグリッド」について解説します。1つのサンプルサイトを組み立てながら、基礎的な知識をしっかり習得しましょう。

〈本書の見方〉

■関連ページ
本文で説明している内容に関連した参照先を記載しています

■ワンポイント
本文に関連して知っておきたい補足情報を解説しています

第3章【実践編】商用サイトで通じるプロのテクニック

レスポンシブWebデザインを商用サイトで採用するときに発生する技術的課題と解決策について解説します。画像の処理や効率的なグリッド設計など実際の制作案件で使えるプロのノウハウを紹介します。

第4章【応用編】高度なレスポンシブWebデザインの実践

上級者向けの高度なテクニックを紹介します。サイトパフォーマンスの改善策やブレイクポイントの新しい考え方などを解説し、これからのレスポンシブWebデザインについても考察します。

また、各節の間にはコラム「Follow up」を設けています。本文では説明しきれなかった発展的な内容や、今後の学習に役立つ補足情報をまとめています。あわせて参考にしてください。

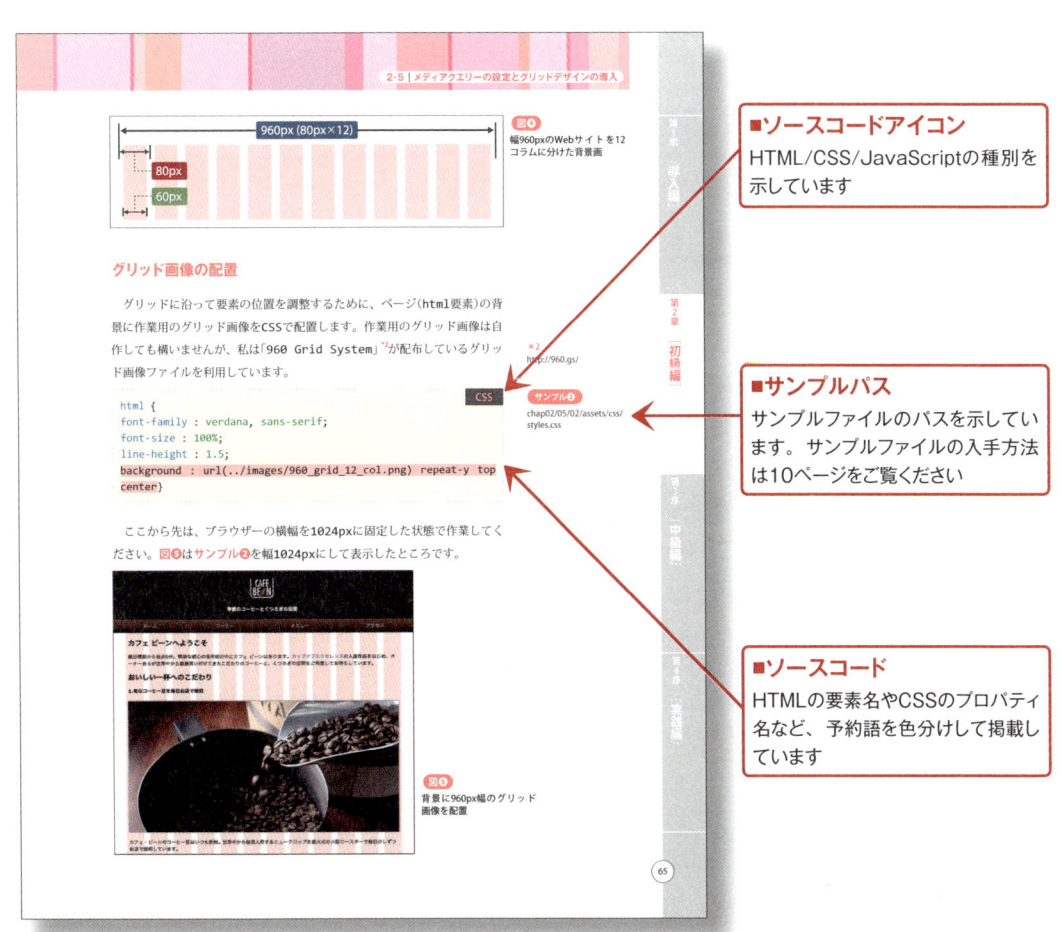

■ソースコードアイコン
HTML/CSS/JavaScriptの種別を示しています

■サンプルパス
サンプルファイルのパスを示しています。サンプルファイルの入手方法は10ページをご覧ください

■ソースコード
HTMLの要素名やCSSのプロパティ名など、予約語を色分けして掲載しています

〈サンプルファイルについて〉

本書のサンプルファイルは、以下のURLからダウンロードできます。

http://go.ascii.jp/?rwd_sample

■サンプルファイルの構成
　サンプルファイルはZIP形式で圧縮されています。ファイルを展開すると、以下のようなフォルダ構成になっています。フォルダ名およびファイル名は、章、節、サンプル番号に対応しています。

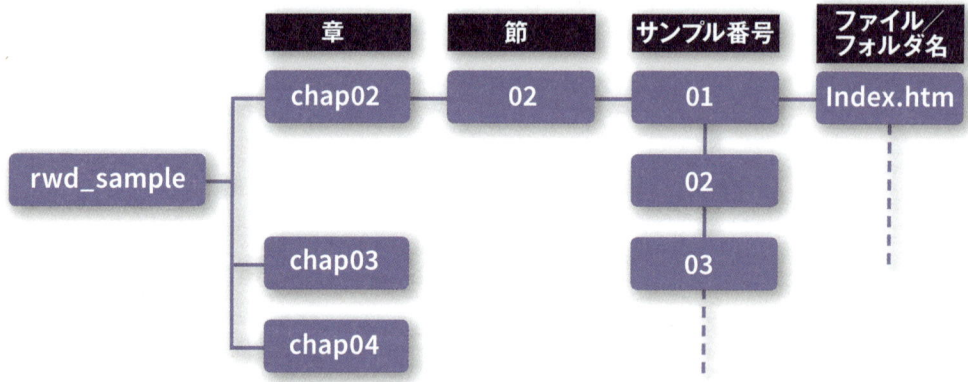

■サンプルファイルの利用条件
　サンプルファイルに含まれるHTML/CSS/JavaScriptのソースコードは、原則として商用・非商用を問わず自由に利用できます。利用にあたって著作権表示や申請等は必要ありません。
　ただし、サンプルファイルそのものの再配布や販売はできません。また、サンプルファイルに含まれる写真素材等の画像については2次利用できません。サンプルの動作確認にのみご利用ください。

■動作環境
　収録したサンプルは、特に断りがない限り、Internet Explorer 9以上およびFirefox／Google Chrome／Safari／Androidブラウザー（いずれも2013年6月時点の最新版）を対象にしています。ただし、OSのバージョンや端末によって表示結果が異なる場合があります。

第1章

【導入編】
マルチデバイス時代とレスポンシブWebデザインの誕生

スマートフォンの普及にともなって、「スマートフォンサイト」を作ることが増えました。しかし、従来のスマートフォンサイト制作のアプローチにはさまざまな課題があります。レスポンシブWebデザインが誕生した背景とその定義を明らかにします。

[1-1] **レスポンシブWebデザインとは** …12

1-1 マルチデバイス時代の新手法
レスポンシブWebデザインとは

レスポンシブWebデザイン（Responsive Web Design）は、PC、タブレット、スマートフォンなど、あらゆるデバイスに最適化したWebサイトを、単一のHTMLで実現する制作手法です。ブラウザーのスクリーンサイズを基準にCSSでレイアウトを調整することで、デバイスごとに専用サイトを用意することなく、マルチスクリーンに対応したWebサイトを制作できます。

レスポンシブWebデザインの背景

レスポンシブWebデザインが注目される背景は、スマートフォンです。スマートフォンの急速な普及により、Webサイト制作の現場では、パソコン向けの従来型のWebサイトに加えて、スマートフォンの小さな画面でも見やすいようにデザインされた、専用のWebサイトである「スマートフォンサイト」が登場しました。

"振り分け"型スマートフォン対応の課題

スマートフォンサイトでは、ユーザーエージェントで振り分けることで多くのデバイスやスクリーンサイズに対応する方法が採られることがあります。JavaScriptやサーバーサイドで**ユーザーエージェント（UA）情報**[*1]を読み出し、デバイスの種類に応じて用意した専用のWebページ（HTML）へ移動させるのです（図❶）。

こうした振り分け型のスマートフォン対応は、デバイスごとに最適化されたWebサイトをユーザーに提供できるのがメリットですが、おもに4つの問題が指摘されています。

[*1] 端末のブラウザーがWebサーバーからデータを得る際、サーバーにブラウザーやOSの種類やバージョンを自動的に通知している。これらの情報を組み合わせた識別子のことで、利用者エージェントとも呼ばれる

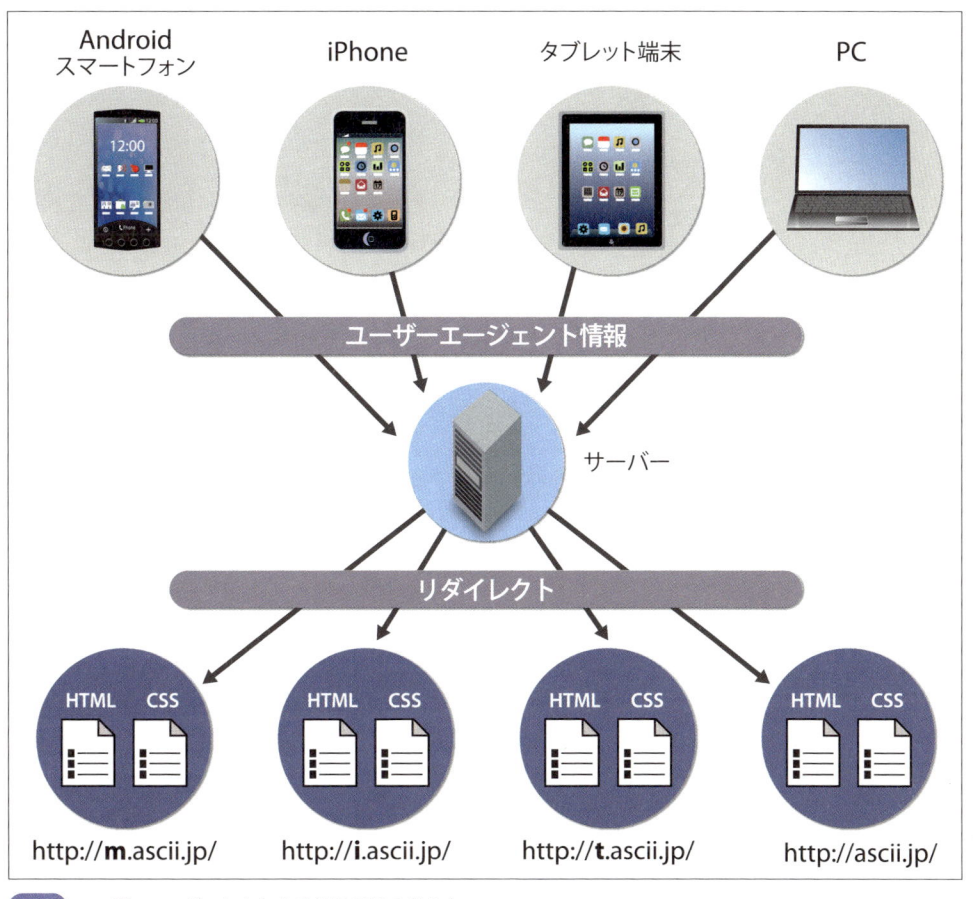

図❶ ユーザーエージェントによる振り分けの考え方

❶開発コストの増加

あらゆる端末の解像度、スクリーンサイズ、OS、UA情報を調査して、それぞれに適したHTMLやCSSを用意するにはコストがかかります。

2013年6月現在、国内で発売されているスマートフォンのOSには「iOS」「Android OS」「Windows Phone」の3つがあり、それぞれ搭載しているブラウザーが異なります。解像度やスクリーンサイズは端末ごとに異なるうえ、スマートフォンにはポートレートモード(縦置き)とランドスケープモード(横置き)があるので、単純にいえば100種類の端末があれば200種類のスクリーンサイズに対応しなければなりません。

OSや端末が頻繁にバージョンアップされる現状では、調査するためのコスト、それらを反映するためのコストも決して低いものではありません。ま

た、一部のスマートテレビのように、メーカーによってUA情報が開示されていないデバイスもあります。

❷煩雑なファイルの更新

たとえば、HTMLファイルが振り分けのため端末ごとに5種類あった場合、画像を1つ更新するたびに5つのHTMLを更新しなければなりません。また、画像サイズや解像度などの細かい指定が必要であれば、更新作業はさらに煩雑になります。

❸CMS対応のリスク

CMS（Content Management System）の機能を使って端末ごとにページを振り分けている場合、CMSが新しい端末に対応するまで待たなければなりません。すばやく新端末に対応したいときには制約になる場合があります。

❹URLの分散

ソーシャルメディアなどで紹介されたリンクが、"ipn"や"mobile.サブドメイン"といったスマートフォン用のドメイン、"/m/ディレクトリ"のようなスマートフォン用のディレクトリであった場合、PCから適切にアクセスできないかもしれません。また、Googleアナリティクスなどのアクセス解析ツールでは、URLごとにレポートが分かれてしまい、解析に時間や人数が必要になります。

このように、振り分けによる端末別対応には、現状でも多くの問題があります。さらに、今後はパソコンやスマートフォン、タブレットに加えて、スマートテレビ、カーナビゲーション、冷蔵庫や洗濯機、電子レンジなどのあらゆるエレクトロニクス製品がWebにアクセスできるようになるでしょう。

端末が増えるたびに、解像度、スクリーンサイズ、OS、UA情報を調査し、新しいHTMLとCSS、対応する画像データを作成していく手法は、将来にわたっても時間と労力の増加＝コスト増を招く手法だと言わざるを得ないでしょう。

レスポンシブWebデザインによる解決

　こうしたさまざまな課題を解決する手法として注目されているのが、**レスポンシブWebデザイン**です。レスポンシブWebデザインは、米国のデザイナー、イーサン・マルコッテ（Ethan Marcotte）氏が2010年5月に技術系のブログ『**A List Apart（ア・リスト・アパート）**』**に投稿した記事**[*2]で発表されました（図❷）。

*2
http://www.alistapart.com/articles/responsive-web-design/

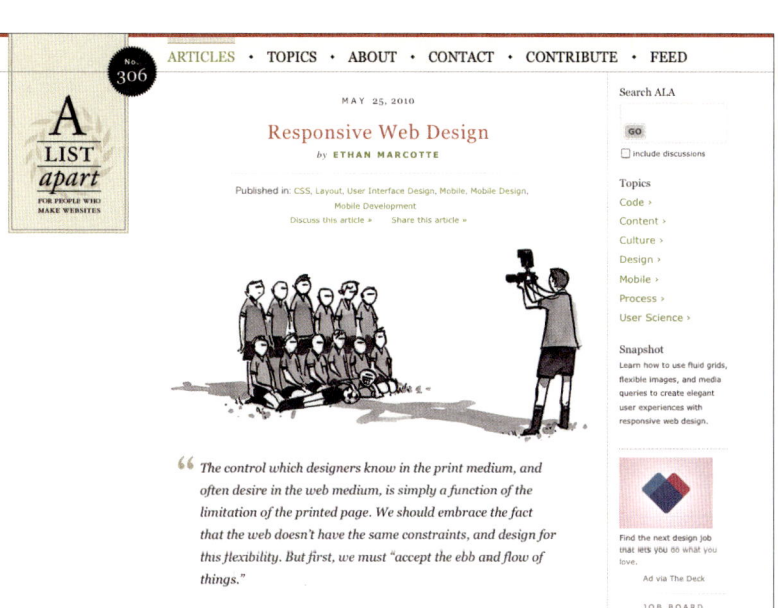

図❷　『A List Apart』にマルコッテ氏が投稿した「Responsive Web Design」

　マルコッテ氏は、2009年にW3C（World Wide Web Consortium）のWebサイトをレスポンシブWebデザインでリニューアルしたコンサルティングファーム「Happy Cog」の元メンバーでもあります。2009年には、マルコッテ氏のブログ「**Unstoppable Robot Ninja**」[*3]で、レスポンシブWebデザインの核となる「フルードイメージ」と呼ばれる技術を紹介しています。

*3
http://unstoppablerobotninja.com/

　OSやデバイスをUAで判別してそれぞれのサイトへ振り分けるアプローチに対して、レスポンシブWebデザインでは、あらゆるデバイスに対して**単一のWebページ（HTML）**を使い、**スクリーンサイズ（画面幅）を基準にCSSだけ**

を切り替えてレイアウトを調整します。小さいスクリーンに対しては小さいスクリーンで見やすく操作しやすいレイアウトを、大きいスクリーンに対しては大きいスクリーンに適したレイアウトを提供します(図❸)。

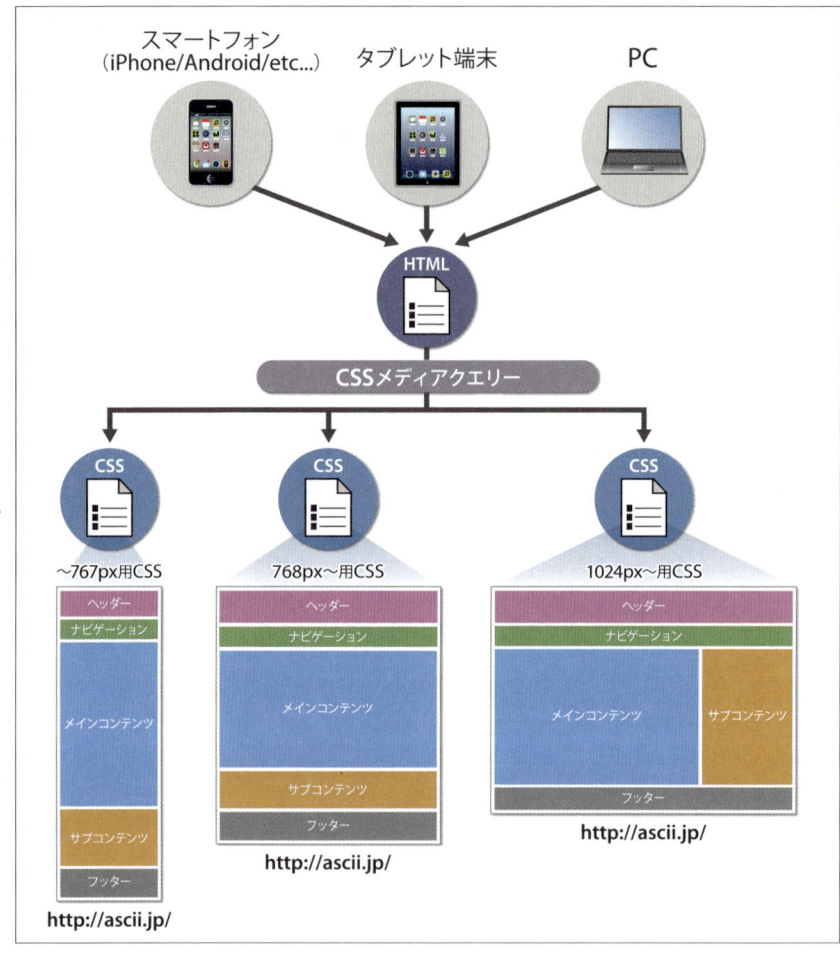

図❸ レスポンシブWebデザインのイメージ

レスポンシブWebデザインが注目されるのは、「シンプリシティ（simplicity＝簡潔さ）」にあります。単一のHTMLを用意すればいいのでメンテナンスの負担が少なく、スクリーンサイズだけを基準にしてレイアウトを変更するため、新しいOSやデバイスが登場してもHTMLを修正する必要はありません。
　異なる複数のスクリーンサイズに対してひとつのHTMLで対応できるレスポンシブWebデザインは、さまざまなスクリーンサイズとOSを搭載したモバイル端末に対応するシンプルな方法なのです。

広がるレスポンシブWebデザインの事例

レスポンシブWebデザインは、すでに海外を中心に大手企業サイトでも実際に利用されています。

図❹は2012年にレスポンシブWebデザインで全面リニューアルした**米スターバックスのWebサイト**[*4]です。実際にブラウザーでアクセスしてウィンドウの幅を狭めてみてください。ウィンドウ幅に応じて、ナビゲーションの位置やカラムの数などレイアウトが変わり、文字や画像の大きさが拡大・縮小されていくのが分かります。

*4 http://www.starbucks.com/

▼スマートフォンでの表示　▼タブレットでの表示　▼PCでの表示

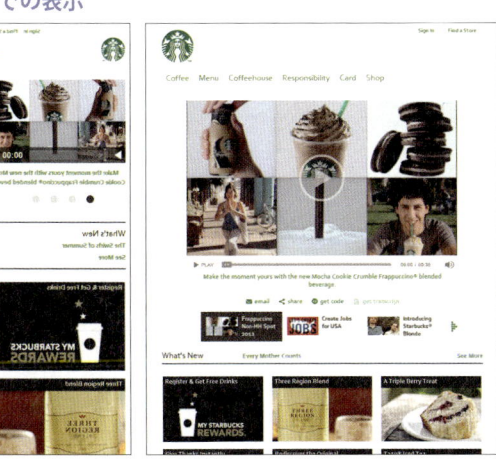
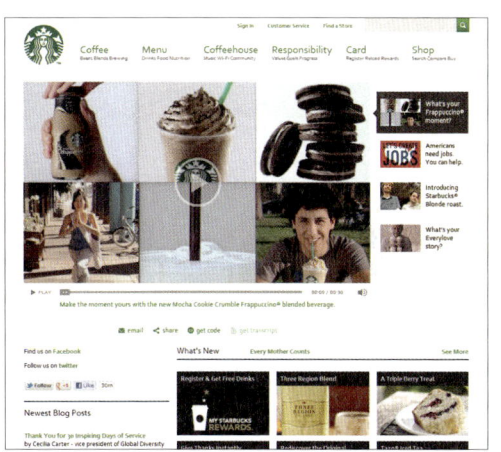

図❹ 米スターバックスのWebサイト

海外だけではありません。2011年以降は国内でもキャンペーンサイトなどでレスポンシブWebデザインを採用する事例が少しずつ増え、コーポレートサイトやECサイトでもレスポンシブWebデザインでリニューアルする企業が現れています。

図❺は、ベーカリー事業を全国で展開する**「アンデルセングループ」**[*5]のWebサイトです。米スターバックスのサイトと同じように、スクリーンサイズによってレイアウトやナビゲーションが変わります。

*5 http://www.andersen-group.jp/

▼スマートフォン　▼タブレットでの表示　▼PCでの表示
　での表示

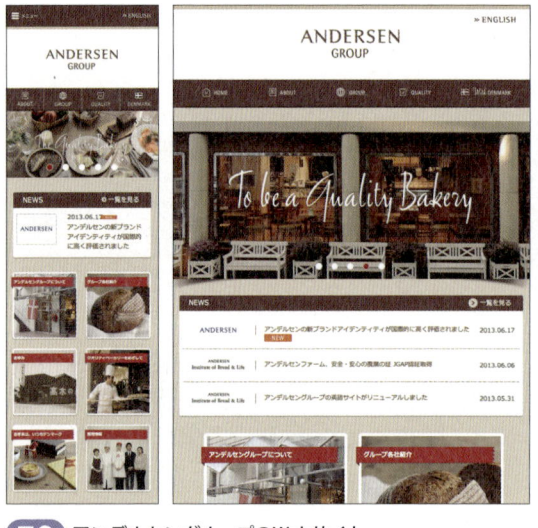
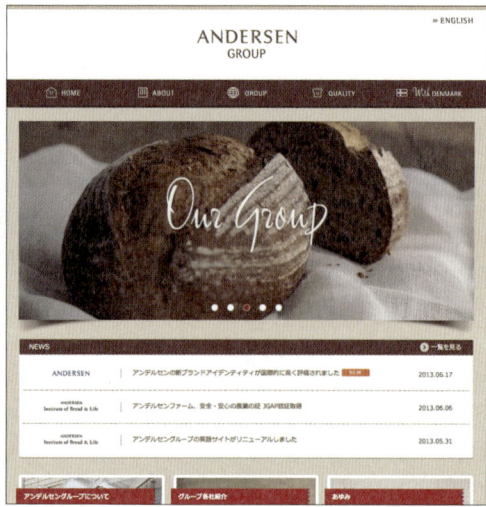

図❺　アンデルセングループのWebサイト

Media Queriesをのぞいてみよう

　レスポンシブWebデザインは、ほかにもたくさんのWebサイトで採用されています。

　レスポンシブWebデザインのWebサイトを集めたギャラリーサイト「**Media Queries**」[*6]では、世界中から優れた事例が日々追加されています（図❻）。このサイト自体もレスポンシブWebデザインで制作されていますので、サイト制作に入る前にぜひ実際にアクセスして、ブラウザーの横幅を広くしたり、狭くしたりしながら、レスポンシブWebデザインを体感してみてください。

*6
http://mediaqueri.es/

▼スマートフォン　▼タブレットでの表示　　　　▼PCでの表示
　での表示

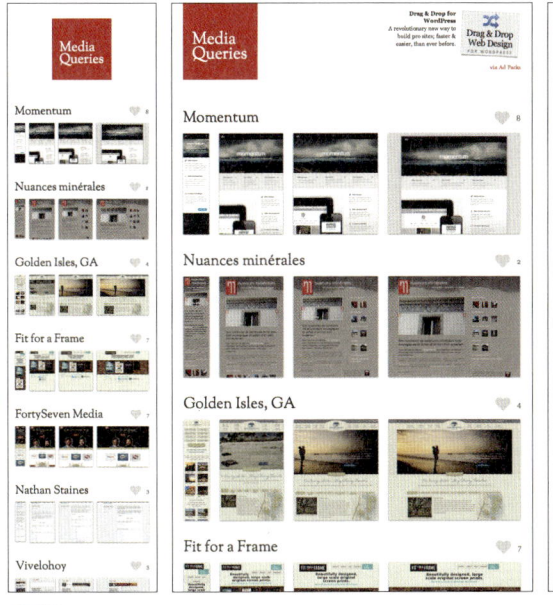
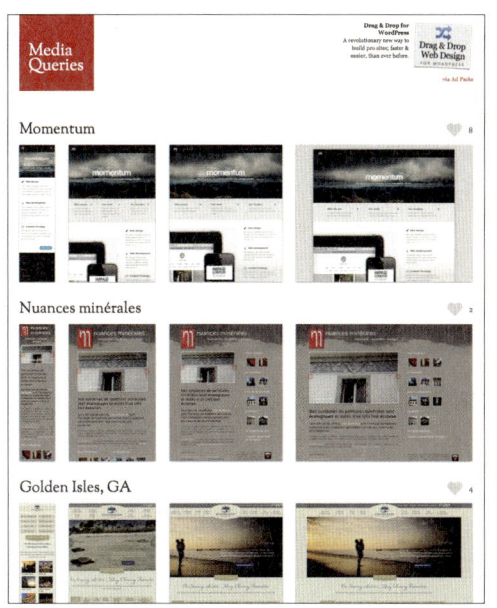

図❻　Media QueriesにはレスポンシブWebデザインの事例が揃う

レスポンシブWebデザインの3大要素

　レスポンシブWebデザインは、「フルードグリッド（Fluid Grid）」「フルードイメージ（Fluid Image）」「メディアクエリー（Media Query）」の3つの技術的な要素で構成されます。

フルードグリッド

　フルードグリッドは、Webページの要素を罫線や升目に沿って配置する「グリッドデザイン（`Grid Design`）」と、ブラウザーの横幅が変わってもレイアウトを維持したまま要素のサイズを調整する「フルードデザイン（`Fluid Design`）」を合わせたものです。レスポンシブWebデザインでは、最初にグリッドデザインによって部品や表示領域をpx単位で配置していき、レイアウトが整った後に、値を%に変換してフルードデザインに変更します。

フルードイメージ

　フルードイメージは、レイアウトの大きさに追随して画像のサイズを拡大・縮小する手法で、CSSのみで実装できます。イギリスのコンサルティングファーム「Clearleft」のリチャード・ルター（Richard Rutter）氏によって提唱されました。

メディアクエリー

　メディアクエリーは、画像解像度、ウィンドウの幅、デバイスの向きなどの指定条件にあわせて別々のCSSを適用する技術です。レスポンシブWebデザインではメディアクエリーを使ってスクリーンサイズに応じたCSSに切り替えます。

　このほかにも、文字をレイアウトの大きさに追随して伸縮する「レスポンシブタイプセッティング（Responsive Typesetting）」や、テーブル（表組）のサイズを調整する「レスポンシブテーブル（Responsive Table）」などの技術があり、必要に応じて利用していきます。

※　※　※

　第2章では簡単なサンプルを作りながら、基本となる3つの技術を使ったレスポンシブWebデザインの基礎を学びます。

Follow up ❶

レスポンシブWebデザインを支える「モバイルファースト」のコンセプト

レスポンシブWebデザインに関連して知っておきたいのが、「モバイルファースト（Mobile First）」の考え方です。

モバイルファーストは、2009年ごろ、デジタルプロダクトデザイナーのルーク・ウロブルスキ（Luke Wroblewski）氏が提唱した考え方で、Webサイト設計に限らず、マーケティングやプロダクトの設計などを、モバイルを起点として始めるというコンセプトです。従来のように、パソコン向けのWebサイトやプロダクトから作り始めて、モバイル版を最後に考える「モバイルラスト」とは真逆の考え方と言えます。

ルーク・ウロブルスキ氏

モバイルファーストの考え方の背景には、以下の3つの理由があると、ウロブルスキ氏は唱えています。

・GROWTH=OPPORTUNITY：「成長」＝機会
・CONSTRAINS=FOCUS：「制約」＝集中
・CAPABILITIES=INNOVATION：「機能」＝能力

1.GROWTH=OPPOTUNITY：「成長」＝機会

iPhoneの世界的なヒットやAndroid端末の普及によって、スマートフォンからのWebアクセスが急増しています。たとえば、「Facebookインサイト調査」（MMD研究所、2011年）によると、国内のFacebook利用者の7割がスマートフォンからアクセスしているとのデータがあります。

また、総務省の「平成24年通信利用動向調査」によると、パソコンの世帯保有率が77.4%（2011年末）から75.8%（2012年末）に減少しているのに対して、スマートフォンは29.3%から49.5%に急増しています。モバイル市場自体、大きく成長しており、端末のみならず関連商品市場などのあらゆる「機会」が生まれるのです。

2.CONSTRAINS=FOCUS：「制約」＝集中

スマートフォンに代表されるモバイル端末は、パソコンに比べてスク

ウロブルスキ氏の
著書「Mobile First」

リーンサイズが限られています。ユーザーが1画面から得られる情報は必然的に 少なくなるため、ユーザーが本当に必要としている情報を表示する必要があります。そのため、コンテンツホルダーは何を表示するのかを熟考する必要があり、結果として無駄なコンテンツは削ぎ落とされることになります。

3.CAPABILITIES=INNOVATION：「機能」＝能力

「ケイパビリティ（Capability）」とは、モバイル端末の機能を利用することです。たとえば、スマートフォンにはモーションセンサーがあり、端末の傾きや移動時の加速度によって表示や動作を変えられます。こうした機能はモバイル端末特有のもので、パソコンにはありません。

そのほかにも、スマートフォンならではの機能として以下のようなものがあります。

- アプリケーションキャッシュ
- CSS3&Canvasパフォーマンス最適化
- マルチタッチ
- 位置情報
- 加速度センサー
- オリエンテーション
- 音声出力／音声入力
- ビデオ・カメラ デバイスから出力

- プッシュ(リアルタイム)
- デバイス近接
- 自動調光機能
- RFIDリーダー
- 触覚(ハプティック)
- バイオメトリクス(網膜・指紋)

　モバイルファーストは、レスポンシブWebデザインとどのように関わるのでしょうか。一番よい例が、CONSTRAINS=FOCUSです。狭いモバイル端末の画面に表示できるコンテンツは限られているので、モバイルファーストの考え方がなければ、パソコンのサイトと同じようにあれもこれもとなんでも詰め込んでしまうかもしれません。結果として、重くて見づらいモバイルWebサイトができあがってしまうでしょう。

　モバイルファーストの考え方をコンテンツホルダーもサイト制作者も共通して持っていれば、コンテンツが吟味され、軽量で見やすいモバイルWebサイトをユーザーに提供できるはずです。

第 2 章

【基礎編】
サンプルで学ぶレスポンシブWebデザインの基本

「フルードグリッド」「フルードイメージ」「メディアクエリー」という3つの基本的な技術で構成されるレスポンシブWebデザイン。実際のワークフローに沿って簡単なサンプルサイトを組み立てながら、レスポンシブWebデザインの基礎を学びましょう。

［2-1］レスポンシブWebデザインのワークフローと画面設計 …… 26
［2-2］HTMLの用意とリセットCSSの作成 …… 30
［2-3］フルードイメージの導入とタイポグラフィの基本設定 …… 44
［2-4］ヘッダー／フッターとコンテンツ領域のスタイリング …… 50
［2-5］メディアクエリーの設定とグリッドデザインの導入 …… 61
［2-6］フルードグリッドへの変換 …… 75
［2-7］レスポンシブ タイプセッティング …… 89

2-1 複数のスクリーンサイズを前提に準備しよう
レスポンシブWebデザインの
ワークフローと画面設計

第2章ではシンプルなWebサイトを制作しながら、レスポンシブWebデザインの基礎を学びます。[2-1]ではレスポンシブWebデザインにおけるサイト制作の流れを把握し、サイト制作の下準備をしましょう。

レスポンシブWebデザインのワークフロー

　従来の一般的なWebサイト制作では、PhotoshopやFireworksなどの画像編集ソフトを使ってデザインカンプを作成し、できあがったカンプをスライスしてHTMLやCSSをコーディングしていました。いわば、カンプという静的な「1枚絵」を、HTMLやCSSを使って忠実に再現していく作業がWeb制作の一般的なワークフローだったわけです。

　複数のスクリーンサイズが想定されるレスポンシブWebデザインでは、さまざまなサイズのデザインカンプを作成していては時間と手間がかかりすぎます。そこで、デザインカンプは作成せず、簡単なラフスケッチと配置するコンテンツ（画像や文章）だけを用意して、**HTMLとCSSをコーディングしながらブラウザー上で直接デザイン**します。この方法は**「Designing in the Browser：デザイニングインザブラウザー」**と呼ばれ、レスポンシブWebデザインによるサイト制作では主流の考え方です。

　これから、実際にレスポンシブWebデザインのワークフローに沿ってサンプルサイトを作ってみましょう。サンプルとして制作するのは、「カフェビーン」という架空のカフェのWebサイトです。お客様へのメッセージやコーヒーのこだわりなどのコンテンツで構成される、1ページのシンプルなサイトを作ります。

2-1 | レスポンシブWebデザインのワークフローと画面設計

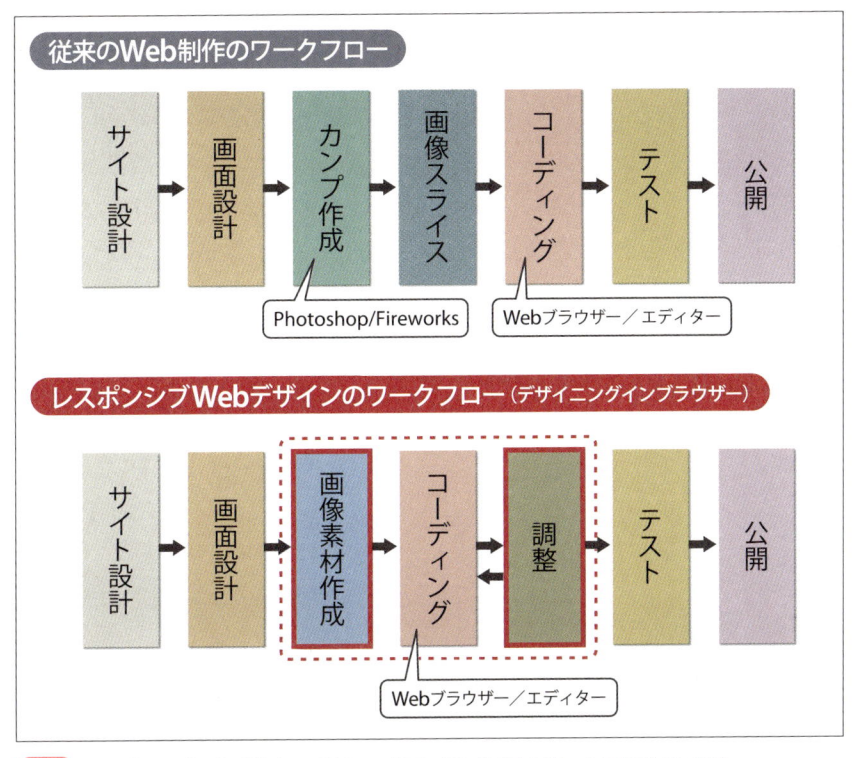

図❶ レスポンシブWebデザインではカンプを作成せずブラウザー上でデザインする

コンテンツの洗い出しと画面設計

　一般的なWebサイトと同様に、最初にWebサイトの全体像をサイトマップとしてまとめる必要がありますが、「カフェ　ビーン」は1ページだけのサイトですので省略して画面設計から始めましょう。

　画面設計では、制作するWebページに必要なコンテンツを洗い出します。「ロゴ」「文章」「写真」など、大まかな要素を列挙しましょう。「カフェ　ビーン」の場合は以下のようなコンテンツで構成します。

- サイトロゴ……1点
- 文章……ウェルカムメッセージ、コーヒーへのこだわり、スタッフ紹介
- 写真……コーヒーの写真×2点、スタッフの写真×1点
- ナビゲーション……ホーム、コーヒー、メニュー、アクセス

次に、列挙したロゴ、文章、画像をもとに簡単な**ラフスケッチを作成**します。スケッチはコンテンツのおおまかな配置を決定できればよいので、厳密に描く必要はなく、手描きで構いません。細かい位置やビジュアル要素はCSSを記述しながらブラウザー上で調整していくので、この段階ではあまり細かい点は気にせず、どの位置にどの要素が入るかがわかるように、ざっくりとしたスケッチを描きましょう。

レスポンシブWebデザインではスクリーンサイズによってレイアウトが変わりますので、**スマートフォン向け、タブレット向け、デスクトップ向けの3パターンのレイアウト**を作成します。「カフェ ビーン」では図❷のように、スマートフォンとタブレット向けにはシングルカラムのレイアウトを、デスクトップ向けには2カラムのレイアウトを用意しました。スマートフォン向けのレイアウトでは見出しのテキストや画像をセンタリングし、タブレット向けとデスクトップ向けでは左寄せにします。

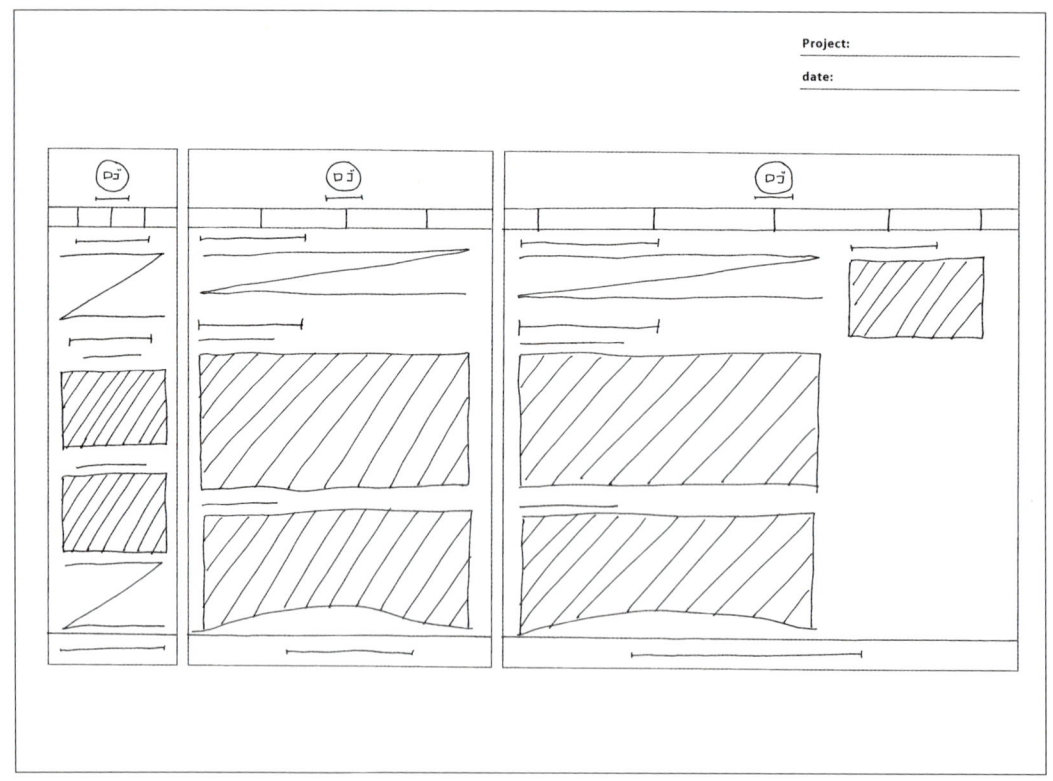

図❷ 「カフェ ビーン」のラフスケッチ。3パターンのレイアウトを用意する

なお、実際の画面設計では、必ずしもこのような3パターンのレイアウトを用意するとは限りません。たとえば、よりスクリーンサイズの大きな、テレビのような端末をターゲットにする場合は、4パターンのレイアウトを用意する場合もありますし、逆にカフェ ビーンのサイトのように、スマートフォンとタブレット、あるいはタブレットとデスクトップでレイアウトがほとんど変わらない場合は2パターンのスケッチでも構いません。

コンテンツ素材の準備

ラフスケッチができたら、次にWebサイトの素材を準備しましょう。一般的なWebサイト制作と同じように、ページに配置する文章と画像を集めます。ロゴや写真などの画像は、HTMLとCSSをコーディングしながらブラウザー上でサイズを調整するので、この段階では適当なサイズで構いません。最終的にリサイズして利用することを想定して、大きめのサイズで用意しておくとよいでしょう。

「カフェ ビーン」では、以下のような画像ファイルを用意し、「assets/images」フォルダにまとめておきました。

図❸ カフェ ビーンで使用する画像素材

サイトロゴ: assets/images/logo.png

1.コーヒーの写真: assets/images/cafe01.jpg
2.コーヒーの写真: assets/images/cafe02.jpg
3.スタッフの写真: assets/images/cafe03.jpg

2-2 レスポンシブWebデザインを始める前の下準備
HTMLの用意とリセットCSSの作成

[2-1]でWebサイトを制作する準備が整ったので、さっそくHTML/CSSを記述してサイトを制作していきます。[2-2]ではページの基本となるHTMLとCSSの初期設定を記述します。

ベースとなるHTMLの記述

「カフェ　ビーン」の基本となるHTMLを用意しましょう。このサイトでは、XHTMLではなくHTML5を採用しています。HTML5はオフライン機能や現在地特定機能などのモバイルデバイスで便利な機能（API）が充実しており、iOS、Androidが搭載している`WebKit`[*1]、`Windows Phone 7`搭載の`Mobile Internet Explorer 9`以降でサポートされています。古いブラウザーのサポートが必須の場合など、特別な事情がなければHTML5を使って記述しましょう。

[*1] iOSの「Safari」、Androidの「Androidブラウザ」が採用しているレンダリング（描画）エンジン

> **ワンポイント　Internet Explorerへの対応**
>
> Internet Explorer 8（IE8）以下では、HTML5の新要素が実装されていません。また、このあと登場するCSS3の新機能の多くもIE8以下ではサポートされていません。本章ではレスポンシブWebデザインの基礎を学ぶことに集中するため、SafariやChrome、Firefox、IE9などのブラウザーを対象とします。IE8以下でも最低限表示したい場合は、「HTML5shiv」（https://code.google.com/p/html5shiv/）というJavaScriptライブラリーを条件付きコメントで読み込んでHTML5の要素を生成します。
>
> ```
> <!--[if lt IE 9]>
> <script src="js/html5shiv.js"></script>
> <![endif]-->
> ```

2-2 | HTMLの用意とリセットCSSの作成

「カフェ　ビーン」のHTMLファイルである「index.html」のソースコードは以下のように記述します。前に作成したラフスケッチを見ながら、各要素を定義しています。header、footer、asideなど、HTML5の新しいセマンティック要素を使っていますが、シンプルな構造のページですので特に難しい点はないでしょう。

サンプル❶
chap02/02/01/index.html

```html
<!DOCTYPE HTML>
<html lang="ja">
<head>
  <meta charset="utf-8">
  <meta name="viewport" content="width=device-width,initial-scale=1.0">
  <title>トップ｜カフェ　ビーン</title>
  <link rel="stylesheet" type="text/css" href="assets/css/styles.css" media="all">
</head>
<body>

<!-- header -->
<header>
    <hgroup>
      <h1><img src="assets/images/logo.png" alt="ロゴ　カフェ　ビーン "></h1>
      <h2>季節のコーヒーとくつろぎの空間 </h2>
    </hgroup>
    <nav>
      <ul>
        <li><a href="#">ホーム </a></li>
        <li><a href="#">コーヒー </a></li>
        <li><a href="#">メニュー </a></li>
        <li><a href="#">アクセス </a></li>
      </ul>
    </nav>
</header>
<!-- //header -->

<!--contentns-->
<div id="contents">
  <!--main-->
  <div id="main">
    <section id="vitamin">
      <h3>カフェ　ビーンへようこそ </h3>
```

```html
        <p>飯田橋駅から徒歩5分。閑静な都心の住宅街の中にカフェ ビーンはあります。<a href="http://www.allianceforcoffeeexcellence.org/en/">カップオブエクセレンス</a>の入賞作品をはじめ、オーナー自らが世界中から直接買い付けてきたこだわりのコーヒーと、くつろぎの空間をご用意してお待ちしています。</p>
      </section>
      <section id="reciept">
        <h3>おいしい一杯へのこだわり</h3>
        <h4>1. 旬なコーヒー豆を毎日お店で焙煎</h4>
        <img src="assets/images/cafe01.jpg" alt="写真 コーヒー豆">
        <p>カフェ・ビーンのコーヒー豆はいつも新鮮。世界中から毎週入荷するニュークロップを直火式の小型ロースターで毎日少しずつお店で焙煎しています。</p>
        <h4>2. 注文ごとに1杯ずつドリップ</h4>
        <img src="assets/images/cafe02.jpg" alt="写真 コーヒードリップ">
        <p>新鮮なのは豆だけではありません。コーヒードリンクはすべて、注文をいただいてから1杯ずつ丁寧にハンドドリップで提供します。</p>
      </section>
    </div>
    <!--//main-->

    <!--sub-->
    <div id="sub">
      <aside>
        <h4>私たちがお迎えします</h4>
        <img src="assets/images/cafe03.jpg" alt="写真 スタッフ"><p>老舗喫茶店で10年間経験を積んだオーナーと接客経験豊富なホールスタッフが笑顔でお出迎えします。</p>
      </aside>
    </div>
    <!--//sub-->
</div>
<!--//contents-->

<!-- footer -->
<footer>
<p><small>&copy;2013 CAFE BEAN</small></p>
</footer>
<!-- //footer -->

</body>
</html>
```

Viewportの指定

head要素内にあるmeta name="viewport"は、スマートフォン向けのViewportの設定です。スマートフォンのブラウザーの多くは「Viewport」と呼ばれる**仮想ウィンドウサイズ**が設定されており、設定されたViewportサイズにWebページを縮小して表示します。Viewportサイズは標準では**表❶**のように設定されています。

OS	ブラウザー	標準Viewportサイズ
iOS(Phone)	Safari	980px
Android	Androidブラウザ	800px
Windows Phone	Mobile Internet Explorer	1024px
—	Opera Mobile	850px

表❶ 主なブラウザーのViewport設定

ViewportはHTMLのhead要素内にmeta要素で設定します。レスポンシブWebデザインにおけるViewportの指定方法は、下記のように非常にシンプルです。

```
<meta name="viewport" content="width=device-width,initial-scale=1.0">
```

width="device-width"は、「**Viewportの幅をデバイスのスクリーン幅に合わせる**」という意味です。widthにはwidth="320px"のように数字を直接指定しても構いませんが、device-widthを指定すると、解像度が異なるさまざまなデバイスに対応できます。

ワンポイント Viewportの詳しい指定方法

Viewportにはほかにもさまざまな指定があります。詳しくは40ページのFollow up❷を参照してください。

CSSの記述は小さなスクリーンから

HTMLが用意できたら、CSSを作成しましょう。「カフェ ビーン」のCSSは、「assets/css/」フォルダに「styles.css」として作成します。

レスポンシブWebデザインでは、**CSSを効率よく記述**[*2]してファイルサイズを圧縮するため、**小さいスクリーンサイズ向けのCSSを完成させてから、徐々に大きいスクリーンへと差分を記述**していきます（図❶）。小さいスクリーンの基準は、iPhoneなど多くのスマートフォンで採用されている幅320pxです。以降は、幅320pxのCSSがいったん完成するまで、**Webブラウザーの幅を320pxに固定した状態**で作業しましょう。

*2
効率のいいスタイルシートの書き方
📖 73ページ

図❶ CSSの記述は小さいスクリーンから大きいスクリーンへ

Viewport Resizerを用意する

ブラウザーの幅を指定したピクセル数で正確に固定して表示するには、専用のツールを使うと便利です。専用ツールはいくつかありますが、「**Viewport Resizer**」[*3]を紹介します。Viewport ResizerはSafari／Chrome／Firefox／Operaに対応したブックマークレットで、指定したサイズでブ

*3
http://lab.maltewassermann.com/viewport-resizer/

ラウザー内部にWebページを固定して表示してくれます。

　Viewport Resizerを利用するには、Viewport ResizerのWebサイトにある「CLICK OR BOOKMARK」のリンクをあらかじめブラウザーにブックマークしておきます（図❷）。

図❷　ブルーのボタンをブックマークバーにドラッグ＆ドロップで登録する

　Viewport Resizerは、表示したいWebページを開いた状態で、ブックマークレットを起動すると利用できます。図❸は米スターバックスのWebページ[*4]を開いた状態でブックマークレットを起動した画面です。ヘッダーにViewport Resizerのツールバーが表示されています。

[*4] http://www.starbucks.com/

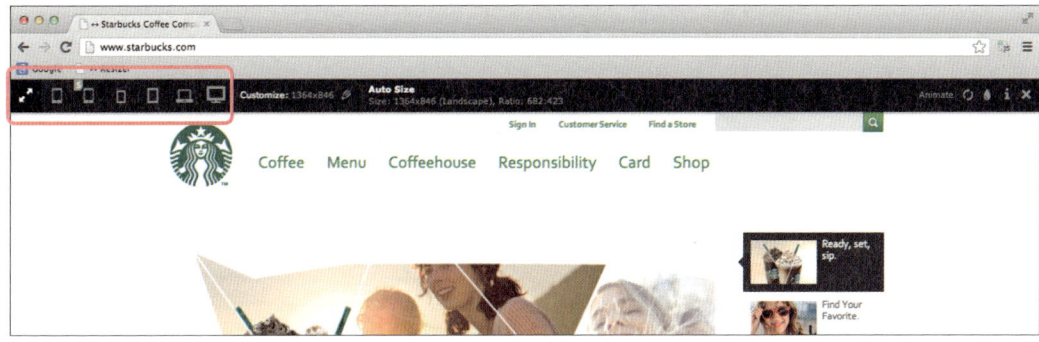

図❸　Resizerのツールバー。ボタンをクリックすると表示サイズが変更される

この状態でツールバーにあるデバイスのアイコンをクリックすると、Viewport Resizerにあらかじめ登録されている画面サイズでページがリサイズされます。たとえば、左から2番目のアイコンをクリックすると、iPhone 5の画面サイズ[*5]である320×568pxで表示されます(図❹)。

*5
iPhone 5の物理ピクセルは640×1136ピクセルですが、CSSピクセルは320×568pxに設定されています
📖 143ページ

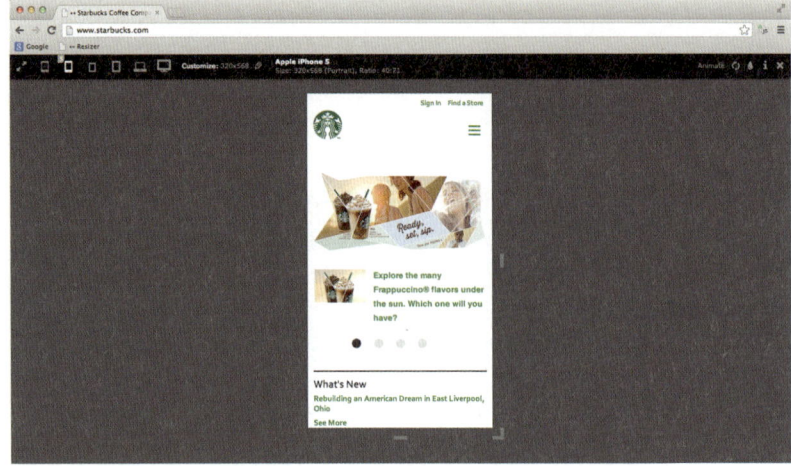

図❹ Vierport ResizerによってiPhone 5のサイズで表示される

ほかにも、iPadやデスクトップなどの画面サイズが登録されてます。また、数字を直接入力したり、枠の外側をドラッグしても表示サイズを変更できます(図❺)。

図❺ 数字を直接入力して表示サイズを変更できる

ワンポイント ブラウザーの表示ツールも利用できる

Firefoxでは「ツール」→「Web開発」→「レスポンシブデザインビュー」でViewportResizerと同様の機能が利用できます。このほか、ChromeやSafariにもブラウザーをリサイズするアドオンがあります。

CSSのリセット

ブラウザーの幅320pxに固定した状態で「カフェ ビーン」のHTMLを表示すると、図のようになります。

この状態では、`ul`/`li`要素でマークアップしたナビゲーションの「ホーム」「コーヒー」「メニュー」「アクセス」に「・（ビュレット）」が表示され、`a`要素にはリンクを意味する下線が引かれています。また、上部に表示されているロゴ（`img`要素）の下には余計な隙間があります。

ブラウザーの初期設定のスタイルシートが反映されているのが原因ですので、これらのスタイルをいったんリセットするところからCSSを書き始めましょう。

文字コードの指定

ブラウザー標準スタイルのリセットの前に文字コードを指定します。文字コードは`utf-8`で、`@charset`の「`t`」と`"utf-8";`の「`"`」の間に半角スペースを忘れないように気をつけましょう。

```css
@charset "utf-8";
```

あわせて、CSSを記述するエディターの文字コードを、環境設定で「`utf-8`」に設定をしておきます。

marginとpaddingのリセット

「`*`（全称セレクター）」を利用して、`margin`と`padding`を「`0`」に設定します。すべての要素の`margin`と`padding`がリセットされます。

```css
* { margin: 0; padding: 0 }
```

図❻ 「カフェ ビーン」を初期設定のスタイルで表示

a要素の下線、ul/ol要素のビュレットの非表示

a要素の下線と、ul/ol要素の「・」を非表示に指定します。「ホーム」「枝豆一覧」「カフェ ビーン」「アクセス」の下線や「・」が消えます。

```css
a { text-decoration : none}
ul, ol { list-style : none}
```

img要素のディセンダーを削除

img要素として指定したサイトロゴの下にある余計な隙間は、「ディセンダー」と呼ばれるものです。ディセンダーとは、小文字の「g」「j」「p」「q」「y」で、ベースラインの下にはみ出す部分のことです(図❼)。

図❼
ベースラインからはみ出す部分がディセンダー

行内の文字や画像の垂直(縦)方向の位置は、CSSのvertical-alignの値によって決まり、デフォルトでは「baseline」に設定されています。文字や画像はベースラインを基準に配置されるので、ディセンダーの分、画像に余計な隙間が発生しているわけです。

img要素のディセンダーは、img要素のvertical-alignの値を「middle」に変更することで削除できます。

```css
img { vertical-align : middle}
```

middleは「font-sizeの高さを基準にして中央に合わせる」という意味です。これで画像はぴったり行内に収まります(図❽)。

図❽
垂直位置をmiddleにすることで画像のディセンダーを削除できる

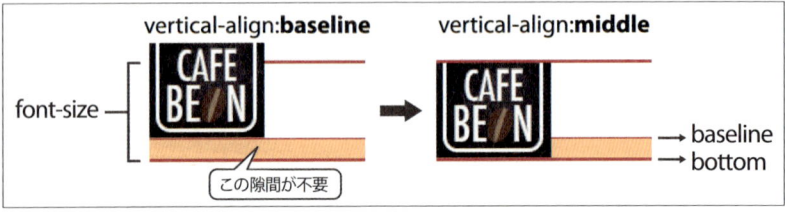

ここまでに記述したCSSのリセット指定をまとめたのがサンプル❷です。

```css
@charset "utf-8";

/* @group reset */

*{margin: 0;padding: 0}

a { text-decoration : none }
ul, ol { list-style : none }
img { vertical-align : middle }

/* @end */
```

サンプル❷
chap02/02/02/assets/css/
styles.css

このスタイルシートを読み込んで再び「カフェ　ビーン」を表示すると、ul/li要素で表示されていた「・」、a要素で表示されていた下線、img要素の下のディセンダーがリセットされます(図❾)。

以上で「カフェ　ビーン」のサイトの準備が整いました。[2-3]ではレスポンシブWebデザインに欠かせないフルードイメージと文字の基本設定について解説します。

図❾
ブラウザーの初期設定のスタイルをリセットした「カフェ ビーン」

Follow up ❷

Viewportを理解しよう

　Viewportは、iOSやAndroidなどのスマートフォンOSのブラウザーが採用している仮想ウィンドウのことで、スマートフォンにおけるWebサイト表示の最適化には欠かせない機能です。

Viewportの機能

　Viewportがどのような機能なのか確認してみましょう。図❶は、iPhone 3GSのSafariでYahoo! JAPANのトップページを表示したところです（Yahoo! JAPANにはスマートフォン用に最適化されたサイトもありますが、あえてPC用のサイトを表示しています）。

図❶
Yahoo! JAPANの
PC用サイト

　iPhone 3GSの解像度は、320×480pxですので、本来であればページの一部しか表示されないはずですが、実際にはWebページ全体が縮小され、スクリーンサイズぴったりに表示されています。幅320pxのiPhoneが、Viewportによって幅960pxのウィンドウになりきって表示しているのです。不思議な現象ですが、これがスマートフォンのViewport機能です。

Viewportの記述方法

　Viewportは、PCのような大きなスクリーン向けに作られたWebページを見通すには便利な機能ですが、最初からスマートフォンの小さなスクリーン向けに合わせてWebページを作る場合には縮小して表示する必要はありません。

　そこでViewportは、HTMLのhead要素内にmeta要素を使って記述することで、制作者が制御できるようになっています。

```html
<meta name="viewport" content="プロパティ">
```

　横幅のサイズだけでなく、ユーザーによる拡大・縮小操作の可否や、表示倍率なども表のようにViewportのプロパティで設定できます。

プロパティ	意味
width	任意の幅にpx単位で指定
height	任意に高さにpx単位で指定
device-width	デバイスのスクリーンの幅に合わせる
device-heighth	デバイスのスクリーンの高さに合わせる
initial-scale	最初の表示倍率を0～10.0の範囲で指定
minimum-scale	最小の縮小率を0～10.0の範囲で指定
maximum-scale	最大の拡大率を0～10.0の範囲で指定
user-scalable	ユーザーによる拡大・縮小の許可をyes（有効）またはno（無効）で指定

　たとえば、Viewportサイズを横幅320pxに指定する場合は以下のように記述します。

```html
<meta name="viewport" content="width=320">
```

　Viewportのプロパティを複数指定する場合は「,」で区切って記述します。以下は、Viewportサイズを横幅320pxにし、最初の表示サイズを1.0倍に指定します。

```html
<meta name="viewport" content="width=320,initial-scale=1.0">
```

ピンチインとピンチアウトの処理

　Viewportのプロパティ「user-scalable」は、ユーザーによるピンチイン（縮小）／ピンチアウト（拡大）操作の可否を指定できます。user-scalable=noと指定すればピンチイン／ピンチアウトを無効化できます。

```
<meta name="viewport" content="user-scalable=no">
```

　ただし、ピンチイン／ピンチアウトを無効にすると、当然のことながらユーザーは拡大・縮小ができなくなります。小さな文字で表示されたWebサイトの閲覧に困ることになり、お年寄りや目が不自由な人のアクセシビリティの問題もあります。

　このような問題を念頭に、ピンチイン／ピンチアウトの機能をオフにしてもユーザーが十分に閲覧できる文字サイズや操作できるボタンサイズを考える必要があります。

　また、ブラウザーゲームやWebアプリケーションなど、ユーザーが誤って拡大してしまうことを防ぐためにズーム機能を無効化する場合は、操作性を損なわないように配慮しましょう。

CSSによる指定

　ViewportはHTMLのmeta要素を利用して記述しますが、見栄えに関する指定は本来ならばスタイルシートに記述するべきであり、疑問が残るところです。

　そこで、W3Cは現在、CSSでViewportを指定するルール作りを進めています。正式には「CSS Device Adaptation」と呼ばれる仕様で、2013年6月現在、エディターズドラフトが公開されています。

CSS Device Adaptation
http://dev.w3.org/csswg/css-device-adapt/

　CSS Device Adaptationでは、HTMLのmeta要素で指定しているViewportを以下のように@viewport{ }内に記述します。

・meta要素での記述

```
<meta name="viewport" content="width=320,initial-scale=1.0,user-scalable=yes">
```

・スタイルシートでの記述

```
@viewport {
width : 320px;
zoom : 1.0;
user-zoom : zoom}
```

　最初の表示倍率である「initial-scale」は「zoom」に、ユーザーの拡大縮小の可否を決める「user-scalable」は「user-zoom」になり、user-scalableの「yes」は「zoom」に置き換わっています（user-zoomを禁止する場合は「fixed」を指定します）。

　もう1つ例を紹介します。レスポンシブWebデザインでよく使う「device-width」の指定です。

・meta要素での記述

```
<meta name="viewport" content="width=device-width,initial-scale=1.0">
```

・スタイルシートでの記述

```
@viewport {
width : extend-to-zoom 100%;
zoom : 1.0}
```

　device-widthの代わりにある「extend-to-zoom」は、新しく定義された値で、100%を指定するとdevice-widthと同様の意味になります。同じように、heightに「extend-to-zoom:100%」を指定するとdevice-heightと同じ意味になります。

　ただし、2013年6月現在、CSS Device Adaptationの仕様は揺れており、最新のエディターズドラフトの仕様を実装しているブラウザーはまだ存在しません。今後も変更が予想されますので、仕様策定を見守りましょう。

2-3 ページの土台を作り上げよう
フルードイメージの導入とタイポグラフィの基本設定

[2-2]ではHTMLを用意し、ブラウザーのCSSをリセットしました。[2-3]では、レスポンシブWebデザインに必要な技術要素を追加して、基本的なレイアウトを整えていきます。

フルードイメージによる画像の伸縮

[2-2]で作成したサンプルを幅320pxにしたブラウザーで表示すると、図❶のように画像が横にはみ出て見切れてしまいます。用意した写真画像がブラウザーのウィンドウサイズ(幅320px)よりも大きいためです。

従来のWebサイト制作であれば、スマートフォン用、デスクトップ用といった具合にサイズの異なる画像を用意しますが、ウィンドウ幅に応じてレイアウトをフレキシブルに調整するレスポンシブWebデザインでは、画像のサイズもCSSによって動的に調整します。

画像をブラウザーの内側に収める技術が「フルードイメージ(Fluid Image)」です。フルードイメージは、ブラウザーのウィンドウ幅にあわせて画像のサイズをフィットさせる手法です。ウィンドウサイズより大きい画像でも、ウィンドウサイズ(または親要素の幅)に応じて、縦横比を保持したまま自動的に画像が拡大・縮小します。

図❶
画像が横にはみ出して表示されている

具体的には、img要素に対して以下のようなスタイルを適用します。

```css
img { max-width : 100%}
```

サンプル❶
chap02/03/01/assets/css/styles.css

フルードイメージを指定してブラウザーをリロードすると、画像はブラウザーウィンドウ（320px）の内側に配置され、図❷のように画像がブラウザーの幅に収まります。また、ウィンドウの横幅を広げると、図❸のように画像本来の大きさまで伸長します。

 フルードイメージを指定すると画像が幅に合わせて縮小され、全体が表示される

 ブラウザーの幅を広げても画像はフィットして表示される

 フルードイメージの対応ブラウザー

max-widthプロパティは主要なブラウザーがサポートしていますが、IE6〜7では利用できません。ただし、IE6〜7を搭載したスマートフォンは存在しませんので、無理に対応する必要はないでしょう。

タイポグラフィの基本設定

　画像の次はタイポグラフィ（文字周り）のスタイルを設定しましょう。最初に、`html`文書全体の`font-size`、`font-family`、`line-height`を記述します。「カフェ　ビーン」では、`font-size`は「`16px`」、`font-family`は「`verdana, sans-serif`」に指定します。ただし、ほとんどのブラウザーのフォントサイズは標準で`16px`ですので実際には`font-size`は記述しません。日本語のテキストでは一般的にフォントサイズの**1.5**倍がもっとも読みやすい行の高さとされていますので、`line-height`プロパティの値には「**1.5**」を指定します。

　まとめると、以下のようになります。

```css
html {
font-family : verdana, sans-serif;
line-height : 1.5}
```

　この`CSS`を適用すると、`html`要素のタイポグラフィ設定は図❹のような状態になります。`line-height`に「**1.5**」を指定したので1行の高さは**24px**となり、フォントサイズである**16px**の上下に**4px**ずつ余白が付いた状態です。

図❹ font-size、font-family、line-heightを指定

　この「**24px**」という1行の高さを、「カフェ　ビーン」のページにおいて**要素を配置するときの高さの基準**とします。

見出しの指定

次に、h1〜h6までの見出し要素のフォントサイズと行の高さを指定します。見出し要素のサイズや行の高さは適当に決めるのではなく、前に決めた1行の高さ（24px）を基準にして一定の間隔で要素が配置されるように考えます。**要素同士の距離に規則性を持たせる**[*1]ことで、読みやすく、バランスの取れたデザインができます。

サンプル❷では、h1要素を「48px」、h2を「36px」、h3を「24px」、h4〜h6を「16px」に指定しました。h1要素とh2要素が2行分の高さ（48px）、h3要素とh4〜h6要素が1行分の高さ（24px）になるように、line-heightの値を調整します。見出しレベルとfont-size、line-height、要素の高さの関係を表❶にまとめます。

見出しレベル	font-size	line-height	要素の高さ (font-size×line-height)
h1	48px	1	48px
h2	36px	1.3333	48px
h3	24px	1	24px
h4,h5,h6	16px	1.5	24px

表❶ 見出しのサイズ

各見出し要素のmargin-bottomはすべて24pxに指定し、1行分の余白を与えます。まとめると以下のようになります。margin-bottomはすべて同じ値ですので、グループセレクターを使って一括して指定しています。

```css
h1,h2,h3,h4,h5,h6 { margin-bottom : 24px}
h1 {
font-size: 48px;
line-height: 1} /* 48px */
h2 {
font-size : 36px;
line-height : 1.3333} /* 48px */
h3 {
font-size : 24px;
line-height : 1} /* 24px */
hgroup h2,h4,h5,h6 {
font-size : 16px;
line-height : 1.5} /* 24px */
```

[*1] このときの基準値を「ベースグリッド」と呼び、ベースグリッドに沿って規則正しくレイアウトする考え方を「バーティカルリズム（Vertical Rhythm）」と呼びます。

サンプル❷
chap02/03/02/assets/css/styles.css

このCSSを適用してブラウザーで表示すると、図のように表示されます。

図は、図の背景に24pxの間隔で水平線を敷いたものです。各要素の高さを24pxを基準に設定したことで、要素が規則的に配置されていることが分かります。

図❺ 見出しの指定を反映

図❻ 背景に 24px 間隔のボーダーを敷く

[2-4]では、ヘッダー／メインコンテンツ／フッターなどの各領域のCSSを設定して、レイアウトを整えます。

> **ワンポイント** **margin-bottomを統一する理由**
>
> 　垂直方向のマージンは、margin-topとmargin-bottomのどちらでも指定できますが、CSSの仕様上、隣接する2つ以上の要素の垂直マージは大きい値が優先して適用されます（marginの相殺）。たとえば、#box01と#box02という2つの隣接するボックスに対して、以下のようなCSSを適用したとしましょう。
>
> ```css
> #box01 {
> margin-bottom : 40px}
> #box02 {
> margin-top : 20px}
> ```
>
> 　この場合、ボックス間の余白は 60px になりそうですが、実際には box01 の値が優先されて 40px になります。大きい値が優先される条件は、どちらの要素も中身が空でないこと、padding と border が指定されていないことです。上の例の場合、どちらかのボックスに padding か border が指定されていれば 60px、指定されていなければ 40px になります。
>
> 　こうした複雑な条件を考慮するのは面倒ですので、ブロック要素の垂直方向のマージンは margin-bottom または margin-top のどちらか 1 つで調整するように統一しておくと便利です。

2-4 320px用のCSSを完成させよう
ヘッダー／フッターと
コンテンツ領域のスタイリング

　[2-3]でWebページの土台となる画像や文字の基本的なCSSを記述したので、[2-4]ではヘッダー、メインコンテンツ、フッターなどの各領域のCSSを設定して見栄えを整えていきます。

ヘッダー部分の指定

　「カフェ ビーン」のヘッダー部分のHTMLは以下のようになっていました。

サンプル❶
chap02/04/01/index.html

```html
<!-- header -->
<header>
    <hgroup>
    <h1><img src="assets/images/logo.png" alt="ロゴ　カフェ　ビーン"></h1>
    <h2>季節のコーヒーとくつろぎの空間</h2>
    </hgroup>
    <nav>
      <ul>
        <li><a href="#">ホーム</a></li>
        <li><a href="#">コーヒー</a></li>
        <li><a href="#">メニュー</a></li>
        <li><a href="#">アクセス</a></li>
      </ul>
    </nav>
</header>
<!-- //header -->
```

　ヘッダー全体のスタイルから記述します。header要素に「`text-align: center`」を指定してテキストを中央揃えにし、「`padding-top:24px`」で上部に余白を、「`background  :#211f1f`」で背景色を設定します。header要素内のh1要素（ロゴ画像）には「`margin-bottom:24px`」で余白を持たせ、h2要素（タグライン）の文字色に「`#fff`」を指定します。

```css
header {
text-align : center;
padding-top : 24px;
background : #211f1f}
header h1 { margin-bottom : 24px}
header h2 { color : #62240b}
```

サンプル❶
chap02/04/01/assets/css/styles.css

このCSSを加えた表示結果が、図❶です。

図❶ ヘッダー部分の指定を反映した「カフェ ビーン」

ナビゲーションバーの設定

ul/li要素で記述したナビゲーション部分を均等幅で水平方向に並べます。ナビゲーション部分のHTMLは以下のようになっています。

```html
<nav>
  <ul>
    <li><a href="#">ホーム</a></li>
    <li><a href="#">コーヒー</a></li>
    <li><a href="#">メニュー</a></li>
    <li><a href="#">アクセス</a></li>
  </ul>
</nav>
```

ナビゲーションバーのメニューは4項目ありますので、1項目あたりの横幅は画面幅（100％）の4分の1、つまり25％になります。li要素のwidthを「25%」に指定し、「float:left」で横並びにしましょう。

a要素は「`display:block`」を指定してブロック要素に変換します。

```css
nav ul li { width : 25%; float : left}
nav ul li a { display : block}
```

ナビゲーションバーの背景はnav要素に指定します。ただし、floatを指定している要素(li要素)の親要素は高さが算出されないため、そのままではnav要素に背景を指定しても表示されません。ul要素に「`overflow:hidden`」を指定して高さを再計算することで背景が表示できます。

背景にはbackgroundプロパティに**CSS3のgradient関数**を使ってグラデーションを設定します。合わせてフォールバックとして**background-color**プロパティも設定しておき、`gradient`関数に対応していないブラウザー(〜IE9など)では茶色の背景で塗りつぶします。

nav要素には`24px`の`margin-bottom`を指定し、ナビゲーションバーの下には1行分の余白を確保します。

```css
nav {
margin-bottom : 24px;
background-color: #7D4934;
background: -moz-linear-gradient(top, rgba(125,73,52,1) 0%,
rgba(43,21,18,1) 88%); /* old Fx (3.6 to 15) */
background: -webkit-gradient(linear, left top, left bottom,
 color-stop(0%,rgba(125,73,52,1)), color-stop
(88%,rgba(43,21,18,1))); /* Chrome,Safari4+ */
background: -webkit-linear-gradient(top, rgba(125,73,52,1)
0%,rgba(43,21,18,1) 88%); /* Chrome10+,Safari5.1+ */
background: -o-linear-gradient(top, rgba(125,73,52,1)
0%,rgba(43,21,18,1) 88%);/* old Opera (11.1 to 12.0) */
background: linear-gradient(to bottom, rgba(125,73,52,1)
0%,rgba(43,21,18,1) 88%); /* W3C */
}
nav ul { overflow : hidden}
```

要素を横並びにし、背景を反映したナビゲーションバーが図❷です。

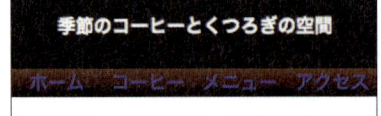

図❷ グラデーションを指定したナビゲーションバー

余白と文字色の指定

　ナビゲーションバーは他の要素と同じく24pxの高さしかないので、そのままではスマートフォンなどのタッチパネル端末ではタップしづらいです。そこで、上下に12pxの`padding`を指定して高さを伸ばしてタップしやすくします。

```css
nav ul li a { display : block; padding : 12px 0 }
```

　`html`要素の`font-size`を「16px」、`line-height`を「1.5」に指定していますので、`font-size`と`line-height`を含めた高さは「24px」です。上下に12pxの`padding`を指定すると合わせて「48px」になり、24px単位でのレイアウトを維持できます。

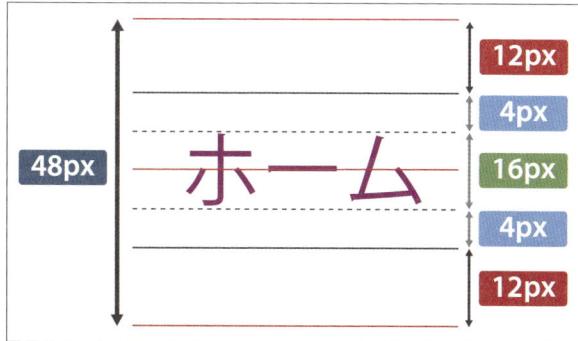

図❸ 上下のpaddingを12pxにする

　あわせてナビゲーションの文字色を「#d8c2a4」に指定します。

```css
nav ul li a {
display : block;
color : #d8c2a4;
padding : 12px 0 }
```

　高さと文字色の設定を反映したのが図❹です。

図❹ 高さと文字色を設定したナビゲーションバー

a:hoverの指定

ナビゲーションバーの仕上げとして、ロールオーバーを設定します。タッチパネルを採用しているスマートフォンではロールオーバーは無効ですが、ノキア製の一部の端末のように、ポインターを利用する機種もあります。a:hoverを指定して、ナビゲーションの上にカーソルなどが重なったときに、各ナビゲーションパネルの色が変わるようにします。

```css
nav ul li a:hover {
color : white;
background-color : #7d4934}
```

ナビゲーションバーの**CSS**をまとめると以下のようになります。

サンプル❷
chap02/04/02/assets/css/styles.css

```css
/* @group Nav */
nav {
margin-bottom : 24px;
background-color: #7D4934;
background: -moz-linear-gradient(top, rgba(125,73,52,1) 0%, rgba(43,21,18,1) 88%); /* old Fx (3.6 to 15) */
background: -webkit-gradient(linear, left top, left bottom,
  color-stop(0%,rgba(125,73,52,1)), color-stop(88%,rgba(43,21,18,1))); /* Chrome,Safari4+ */
background: -webkit-linear-gradient(top, rgba(125,73,52,1) 0%,rgba(43,21,18,1) 88%); /* Chrome10+,Safari5.1+ */
background: -o-linear-gradient(top, rgba(125,73,52,1) 0%,rgba(43,21,18,1) 88%);/* old Opera (11.1 to 12.0) */
background: linear-gradient(to bottom, rgba(125,73,52,1) 0%,rgba(43,21,18,1) 88%); /* W3C */
}
nav ul { overflow : hidden}
nav ul li { width : 25%; float : left}
nav ul li a {
display : block;
color : #d8c2a4;
padding : 12px 0}
nav ul li a:hover {
color : white;
background-color : #7d4934}
/* @end */
```

この**CSS**を反映したのが図❺です。

図❺ 完成したナビゲーションバー。マウスオーバーで背景色が変わる

以上で、ナビゲーションを含むヘッダー部分のCSSが完成しました。

メインコンテンツの指定

続いて、メインコンテンツ部分(`#contents`)のCSSを記述します。コンテンツを画面幅いっぱいに表示すると、文字が画面ギリギリにまで配置されて見づらく、iPhoneなどのスマートフォンのブラウザーではスクロールバーが文字の上に重なってしまいます(図❻)。

折り返し部分にリンク文字が重なると誤操作にもつながりますので、コンテンツの横幅を90%に指定して画面の左右に余白を作りましょう(図❼)。

```css
#contents {
  width : 90%;
  margin : 0 auto}
```

図❻ 画面幅100%ではコンテンツ上にスクロールバーが表示される

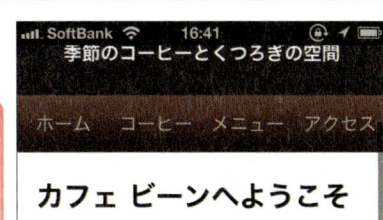

図❼ 90%にすると左右に余白が生まれスクロールバーが重ならない

本文と見出し、画像の間に適切な余白を持たせるため、#contentsのp要素とimg要素に対して「margin-bottom：24px」を指定します。見出しなどの要素をセンター揃えにするため#contentsには「text-align：center」を、p要素には「text-aligh:left」を指定します。

仕上げに、#contents内のimg要素にbox-shadowプロパティで影を付け、見栄えを整えたのがサンプル❸です。

サンプル❸
chap02/04/03/assets/css/styles.css

```css
#contents {
width : 90%;
margin : 0 auto;
text-align : center}
#contents p {
margin-bottom : 24px;
text-align : left}
#contents img {
margin-bottom : 24px;
box-shadow :  0 0 5px #2f1f1f}
```

メインコンテンツ部分をブラウザーで確認すると、図❽のようになります。調整前と比べるとだいぶ読みやすくなりました。

図❽ メインコンテンツのスタイルが完成したところ

フッターの指定

フッター部分を指定します。フッターは背景に画像を表示するので、backgroundプロパティで画像ファイルを指定します。フッターはスクリーンの幅いっぱい表示したいので幅は指定しません。文字色や余白をを設定して見栄えを整えたらフッターのスタイルは完成です（図❾）。

```css
footer {
color : white;
text-align : center;
padding : 24px 0;
background : url(../images/footer_bg.png)}
```

図❾ 指定したフッター

以上で、スマートフォンなどの小さなスクリーンを対象とした320px用のCSSがすべて完成しました。

最後に、ここまでのCSSをサンプル❹としてまとめて示します。

```css
@charset "utf-8";
/* @group Reset */
*{ margin : 0;padding : 0}
a { text-decoration : none}
ul, ol { list-style : none}
img { vertical-align : top}
/* @end */

/* @group Fluid-img */
img {
max-width : 100%}
/* @end */
```

サンプル❹
chap02/04/04/assets/css/styles.css

```css
/* @group HTML */
html {
font-family : verdana, sans-serif;
font-size : 100%;
line-height : 1.5;
}
/* @end */

/* @group Heading */
h1,h2,h3,h4,h5,h6 { margin-bottom : 24px}
h1 {
font-size : 48px;
line-height : 1} /* 48px */
h2 {
font-size : 36px;
line-height : 1.3333} /* 48px */
h3 {
font-size : 24px;
line-height : 1} /* 24px */
hgroup h2,h4,h5,h6 {
font-size : 16px; /* 16px */
line-height : 1.5} /* 24px */
/* @end */

/* @group Header */
header {
text-align : center;
padding-top : 24px;
background : #211f1f}
header h1 { margin-bottom : 24px}
header h2 { color : #62240b}
/* @end */

/* @group Nav */
nav {
margin-bottom : 24px;
background-color : #7D4934;
background : -moz-linear-gradient(top, rgba(125,73,52,1) 0%, rgba(43,21,18,1) 88%); /* old Fx (3.6 to 15) */
background : -webkit-gradient(linear, left top, left bottom,
   color-stop(0%,rgba(125,73,52,1)), color-stop(88%,rgba(43,21,18,1))); /* Chrome,Safari4+ */
background : -webkit-linear-gradient(top, rgba(125,73,52,1) 0%,rgba(43,21,18,1) 88%); /* Chrome10+,Safari5.1+ */
```

```css
background: -o-linear-gradient(top, rgba(125,73,52,1)
0%,rgba(43,21,18,1) 88%);/* old Opera (11.1 to 12.0) */
background : linear-gradient(to bottom, rgba(125,73,52,1)
0%,rgba(43,21,18,1) 88%); /* W3C */
}
nav ul { overflow : hidden}
nav ul li { width : 25%; float : left}
nav ul li a {
display : block;
color : #d8c2a4;
padding : 12px 0}
nav ul li a:hover {
color : white;
background-color : #7d4934}
/* @end */

/* @group Contents */
#contents {
width : 90%;
margin : 0 auto;
text-align : center}
#contents p {
margin-bottom : 24px;
text-align : left}
#contents img {
margin-bottom : 24px;
box-shadow : 0 0 5px #2f1f1f}
/* @end */

/* @group Footer */
footer {
padding : 24px 0;
color : white;
text-align : center;
background : url(../images/footer_bg.png)}
/* @end */
```

サンプル❹を反映した「カフェ　ビーン」を幅320pxのブラウザーで表示すると、図❿のようになります。

[2-5]ではこのページを他のスクリーンサイズでも見やすく表示されるように、メディアクエリーでCSSを追加していきます。

季節のコーヒーとくつろぎの空間

ホーム　コーヒー　メニュー　アクセス

カフェ ビーンへようこそ

飯田橋駅から徒歩5分。閑静な都心の住宅街の中にカフェ ビーンはあります。カップオブエクセレンスの入賞作品をはじめ、オーナー自らが世界中から直接買い付けてきたこだわりのコーヒーと、くつろぎの空間をご用意してお待ちしています。

おいしい一杯へのこだわり

1. 旬なコーヒー豆を毎日お店で焙煎

カフェ・ビーンのコーヒー豆はいつも新鮮。世界中から毎週入荷するニュークロップを直火式の小型ロースターで毎日少しずつお店で焙煎しています。

2. 注文ごとに1杯ずつドリップ

新鮮なのは豆だけではありません。コーヒードリンクはすべて、注文をいただいてから1杯ずつ丁寧にハンドドリップで提供します。

私たちがお迎えします

老舗喫茶店で10年間経験を積んだオーナーと接客経験豊富なホールスタッフが笑顔でお出迎えします。

©2013　CAFE BEAN

図❿
幅320pxの「カフェ ビーン」完成画面

2-5 画面幅に応じてCSSを切り替える
メディアクエリーの設定とグリッドデザインの導入

[2-4]までで幅320pxの画面を基準としたCSSが完成しました。[2-5]では、タブレットやデスクトップなどの大きなスクリーンでも閲覧しやすいように、メディアクエリーを使ってCSSを切り替えるようにします。また、大きなスクリーン向けのレイアウトで必要なグリッドデザインの考え方も説明します。

メディアクエリーの設定

レスポンシブWebデザインでは、「メディアクエリー」を使ってスクリーン幅に応じてCSSを切り替えます。メディアクエリーとは、デバイスの画像解像度・ウィンドウの幅・向きなどの指定条件にあわせて別々のCSSを適用できる機能です。

メディアクエリーを使ったCSSの切り替えでは、CSSを切り替える条件である「ブレイクポイント(Break Point)」を決め、それぞれの条件に沿ったスタイルシートを記述していきます。

ブレイクポイントの決定

ブレイクポイントとは、メディアクエリーによってCSSを切り替える条件となるポイントのことで、ブラウザーのウィンドウ幅(px)で考えます。デバイスに依存しないのがレスポンシブWebデザインの原則ですが、多くのユーザーが使うであろうデバイスを念頭に、以下の表のようなブレイクポイントを決めます。

対象デバイスのイメージ	ブレイクポイント	備考
iPhoneのポートレート(縦向き)	320px	デフォルトのCSS
iPhoneのランドスケープ(横向き)	480px	―
iPadのポートレート	768px	―
デスクトップPC	1024px	―

表❶ デバイスとブレイクポイントのイメージ

サンプルの「カフェ　ビーン」はシンプルなサイトですので、ブレイクポイントを768pxと1024pxに設定します。幅767pxまでは前に作成したデフォルトのレイアウト（1段組み）のままで、幅768px〜1023pxのときは1段組のまま文字を左寄せに、1024px以上のときはレイアウトを2段組にしてコンテンツの位置や画像サイズを変えてみましょう（図❶）。

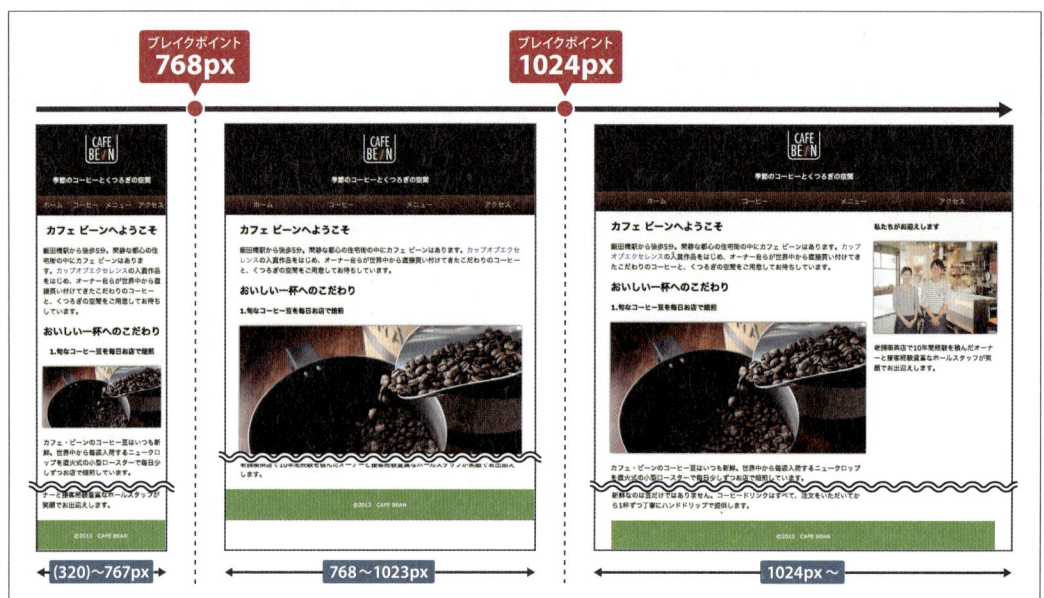

図❶
768px未満、768px以上1024px未満、1024px以上をブレイクポイントしたときのレイアウト表示

ブレイクポイントを以上のように設定したので、それぞれのブレイクポイントごとにメディアクエリーを指定していきます。

画面幅768px以上の指定

画面幅768px以上、1024px未満の場合は以下のように指定します。

```
@media screen and (min-width : 768px){
/* ここに768px〜1023pxまでのCSSを記述 */
}
```

メディアクエリーの中に書いたCSSは条件に合致する場合にのみ適用されます。すでに書いてある幅320px用のCSSの後に768px用のメディアクエリーを書けば、画面幅が768pxの場合にのみCSSを上書きできます。

サンプルでは文字を左寄せに変更するだけですので、以下のように記述します。

```css
/*768px*/
@media screen and (min-width : 768px){
#contents { text-align : left}
}
```

サンプル❶
chap02/05/01/assets/css/
styles.css

　これで、768〜1023pxの場合にのみ、#contents内のテキストが左寄せになります。実際にブラウザーの横幅を768pxにして表示すると図❷のようになります。

図❷
768pxで表示したところ。中央寄せだった文字が左寄せになる

画面幅1024px以上の指定

　画面幅1024px以上の場合にだけCSSを適用したい場合は以下のように指定します。

```css
@media screen and (min-width : 1024px) {
/* ここに 1024px 以上の CSS を記述 */
}
```

　1024px以上では、ここまでの1段組みのレイアウトから2段組のレイアウトへ大幅に変更します。少し複雑ですので以降で詳しく解説しましょう。

グリッドデザインによる2カラムのレイアウト

2カラムのレイアウトでは、左右に要素を配置したときの間隔や幅に規則性を持たせるために、**グリッドデザイン**を採用します。

グリッドデザインとは、ページを均等なマス目（カラム）に分割し、カラムに沿ってパーツを配置していくレイアウト手法です。カラムにはグリッド線とも呼ばれる罫線（補助線）を敷き、グリッド線に沿って部品を配置したり領域のサイズを決定したりすることで、規則的で正確なレイアウトができ、文字かぶりなどの破綻を防げます（図❸）。

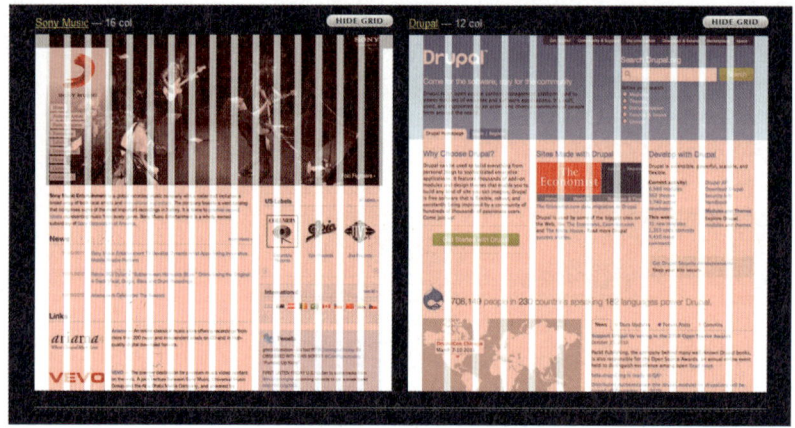

図❸ グリッドデザインではグリッド線に沿ってレイアウトする。画面はグリッドデザインを使った事例ページ（http://960.gs/）

最初にページの横幅（コンテンツ幅）を決めましょう。グリッドデザインにおけるページの横幅は、グリッドで分割するカラムの数で考えます。「カフェ ビーン」では、幅1024px以下であり、グリッドのカラム数が12や16で割り切れる数字である960pxを採用します。グリッドデザインではグリッド線に沿って要素を配置するので、12や16カラムぐらいであれば広すぎず狭すぎずレイアウトがしやすくなります。

960は約数が28[*1]もあり、要素の配置を決めるときに均等に割り付けられる可能性が高いので、グリッドデザインではよく採用される数字です。

「カフェ ビーン」の1024px向けレイアウトでは、12カラムのグリッドを利用します。グリッド線の幅は60px、その左右をそれぞれ10pxの白色の線（ガーターと言います）で挟んだ計80pxを1カラムとして12分割します（図❹）。

[*1] 「960」の約数＝1、2、3、4、5、6、8、10、12、15、16、20、24、30、32、40、48、60、64、80、96、120、160、192、240、320、480、960

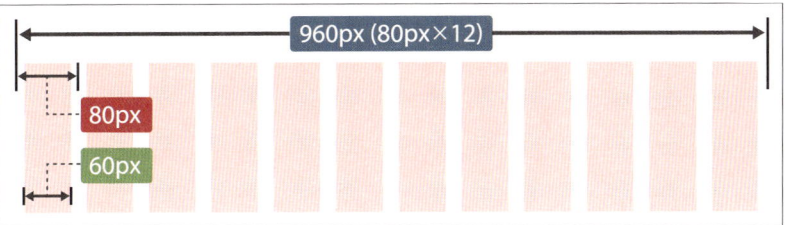

図❹ 幅960pxのWebサイトを12カラムに分けた背景画

グリッド画像の配置

　グリッドに沿って要素の位置を調整するために、ページ(html要素)の背景に作業用のグリッド画像をCSSで配置します。作業用のグリッド画像は自作しても構いませんが、「960 Grid System」[*2]が配布しているグリッド画像ファイルを利用すると便利です。

*2
http://960.gs/

```css
html {
font-family : verdana, sans-serif;
font-size : 100%;
line-height : 1.5;
background : url(../images/960_grid_12_col.png) repeat-y top center}
```

サンプル❷
chap02/05/02/assets/css/styles.css

　ここから先は、ブラウザーの横幅を1024pxに固定した状態で作業してください。図❺はサンプル❷を幅1024pxにして表示したところです。

図❺ 背景に960px幅のグリッド画像を配置

2段組の作成

グリッドに沿ってレイアウトを2段組みに変更します。`#main`と`#sub`の外側の要素である`#contents`の`width`に`960px`を指定し、`float`プロパティで`#main`を左に、`#sub`を右に隣あうように並べます。グリッド線の両端からはみ出している文字と画像を調整するために、`main`と`sub`へは左右均等に`10px`のマージンを指定します。

サンプル❸
chap02/05/03/assets/css/
styles.css

```css
#contents {
overflow : hidden;
width : 960px} /* 960/1024 */
#contents #main,
#contents #sub {
float : left;
margin : 0 10px } /*10/960*/
```

次に、`#main`のボックスの幅を620px、`#sub`のボックスの幅を300pxに指定します。

```css
#contents #main { width : 620px } /*620/960*/
#contents #sub { width : 300px } /*300/960*/
```

ここまでの指定を反映した状態で確認すると、図❻のように表示されます。テキストや画像がグリッドに沿って配置されているのが分かります。

図❻
画面幅1024px以上ではグリッドに沿って2段組で表示する

ナビゲーションパネルの調整

　ヘッダー内にあるナビゲーションパネルは、1項目あたりの幅を25％に指定しています（25％×4）。このままだと画面幅（1024px）に対する25％になってしまい、画面幅に応じてパネルの幅も左右に広がってしまいます。

　そこで、画面幅が1024px以上になっても、ナビゲーションパネル全体の幅はページ幅（#contentsの幅）である960pxで固定します。

```css
nav ul {
width : 960px;/* 960/1024 */
margin : 0 auto}
```

サンプル❹
chap02/05/04/assets/css/styles.css

　ナビゲーションパネルの調整前と後は図❼のようになります。

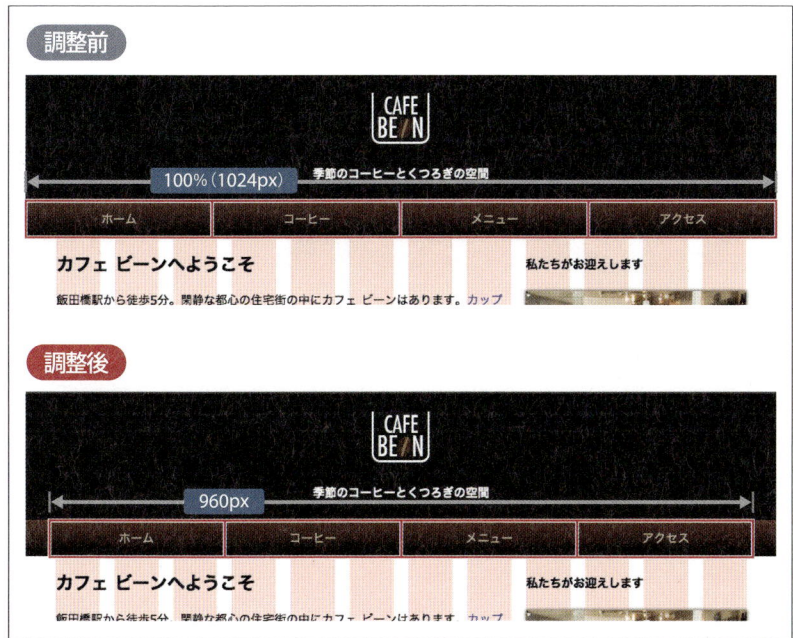

図❼
調整前は画面幅に対して25％。調整後はページ幅（960px）に対して25％にする

footer幅の変更

　フッターにはもともと幅を指定していなかったので、これまでは画面幅いっぱい（100％）に表示されていました。画面幅が1024px以上の場合は、ページ幅（#contentsの幅）である960pxにフッターの幅を固定します。た

だし、`#main`と`#sub`には`margin`を`10px`ずつ左右に指定しているので、実質的な幅は`940px`です。フッターにも`940px`を指定することで、フッターと本文の左端が揃います。

```css
footer {
width : 940px; /*940/1024*/
margin : 0 auto}
```

フッター幅の調整前と調整後は図❽のようになります。

図❽
フッターのwidthを940pxに指定した「カフェ ビーン」

ここまでの修正を反映した画面幅1024px以上向けのCSSがサンプル❺です。

サンプル❺
chap02/05/05/assets/css/styles.css

```css
/* 1024px */
@media screen and (min-width : 1024px) {

/* @group nav */
nav ul {
width : 960px; /* 960/1024 */
margin : 0 auto}
/* @end */
```

```css
/* @group #contents */
#contents {
overflow : hidden;
width : 960px} /* 960/1024 */
#contents #main,
#contents #sub {
float : left;
margin : 0 10px } /*10/960*/
#contents #main { width : 620px } /*620/960*/
#contents #sub { width : 300px } /*300/960*/
/* @end */

/* @group footer */
footer {
width : 940px; /*940/1024*/
margin : 0 auto}
/* @end */
}
```

[2-6]では、ウィンドウ幅に合わせて要素の幅が変わるようにして「カフェ ビーン」を完成させます。

Follow up ❸

メディアクエリーを使いこなす

　メディアクエリー（Media Queries）は、デバイスの画像解像度やブラウザーのウィンドウサイズ・向きなどの指定条件にあわせて別々のCSSを適用するCSS3の機能です。

　CSS 2.1ではMedia Type（メディアタイプ）によって、CSSを適用するメディア（スクリーン、プリンターなど）を指定できました。たとえば、以下のように記述すると指定したCSSをパソコンの画面にだけ適用できます。

HTMLのlink要素を利用してメディアタイプを指定する方法

```
<link rel="stylesheet" href="styles.css" media="screen">
```

@mediaを利用してスタイルシート内でメディアタイプを指定する方法

```
@media screen { /* ここに CSS を記述 */ }
```

　メディアタイプにはscreen以外にも表❶のような値が指定できます。

メディアタイプ	意味
all	すべてのデバイス
aural	スピーチ
braille	点字
embossed	点字文書
handheld	モノクロームの携帯電話
print	プリンター
projection	プロジェクター
screen	パソコンの画面
tty	テレタイプライター（ドット印字）
tv	テレビ

表❶ メディアタイプの種類と意味

　CSS3のメディアクエリーは、このメディアタイプをベースに、デバイスのウィンドウサイズやデバイスの向きなどの細かな条件を設定できるように拡張したものです。

メディアクエリーの指定方法

メディアクエリーは、メディアタイプと同様に「link要素」と「@media」を利用した2つの方法で記述できます。

link要素を利用する場合

```
<link rel="stylesheet" href="desktop.css" media="[not|only] メディアタイプ [and]( デバイスの条件 )" >
```

@mediaを利用する場合

```
@media [not|only] メディアタイプ [and]( デバイスの条件 ){}
```

メディアクエリーでは、「メディアタイプ」で指定しているデバイスの機能や状態を記述し、条件分岐文のように「真」か「偽」を判定してCSSを振り分けます。条件は「not」「only」「and」などのキーワードを使って記述します。キーワードの意味は次の通りです。

- not……のみではない
- only……のみ
- and……のみかつ

「デバイスの条件」は、表のようなプロパティと値を対にして指定します。

プロパティ	意味	指定できる値
width	ウィンドウの幅	CSSで定義されている長さ (em/ex/ch/cm/mm/in/px/pt/pc)
height	ウィンドウの高さ	CSSで定義されている長さ (em/ex/ch/cm/mm/in/px/pt/pc)
device-width	デバイスの実際のスクリーンの幅	CSSで定義されている長さ (em/ex/ch/cm/mm/in/px/pt/pc)
device-height	デバイスの実際のスクリーンの高さ	CSSで定義されている長さ (em/ex/ch/cm/mm/in/px/pt/pc)
orientation	オリエンテーション	portrait または landscape
aspect-ratio	ウィンドウの縦横比	widthとheightの比率（スラッシュ区切り）
device-aspect-ratio	デバイスの縦横比	widthとheightの比率（スラッシュ区切り）
color	カラーのビット数	―
color-index	カラーのチャンネル数	―

プロパティ	意味	指定できる値
monochrome	モノクロの諧調数	―
device-pixel-ratio	デバイスのピクセル解像度（WebKitの独自実装）	―
resolution	解像度	dpi/dpcm
scan	走査線	progressive または interlace
grid	グリッドベースのデバイス	dpi/dpcm

表❷ デバイスの条件

　widthやheightなどのプロパティには、「min-」（以上）または「max-」（以下）の接頭辞をつけられます。たとえば、パソコンのスクリーンで、デバイスのウィンドウサイズの横幅が500px以上の場合に「desktop.css」を適用するには以下のように書きます。

```
<link rel="stylesheet" href="desktop.css" media="screen and (min-width:500px)">
```

　パソコンのスクリーンかつデバイスのウィンドウサイズの横幅が500px以上、またはカラーかつプロジェクターの場合に「desktop.css」を適用するには以下のように書きます。

```
<link rel="stylesheet" href="desktop.css" media="screen and (min-width:500px),projection and (color)">
```

　パソコンのスクリーンかつデバイスのウィンドウサイズの横幅が500px以上でない場合、「desktop.css」を適用するには以下のように書きます。

```
<link rel="stylesheet" href="desktop.css" media="not screen and (min-width:500px)">
```

　@mediaを利用してCSSドキュメント内にメディアクエリーを書く場合も条件の書き方は同じです。パソコンのスクリーンかつデバイスのウィンドウサイズの横幅が480px以上の場合に{ }内のCSSを適用するには以下のように書きます。

```
@media screen and (min-width : 480px;){
/*CSS を記述する */}
```

　@mediaルールを利用する場合は、1枚のスタイルシートの中に複数のウィンドウサイズ向けのスタイルシートを記述します。link要素を利用し

て複数ファイルを読み込む方法に比べて、@mediaの方がHTTPリクエストの回数が少なく、ページの読み込みが早くなります。スマートフォンなどのモバイルデバイスを対象にする場合は、@mediaを使って書きましょう。

効率のいいメディアクエリーの書き方

メディアクエリーは、「モバイルファースト」の考え方に沿って、スマートフォンなどの小さなスクリーンサイズ向けから記述します。

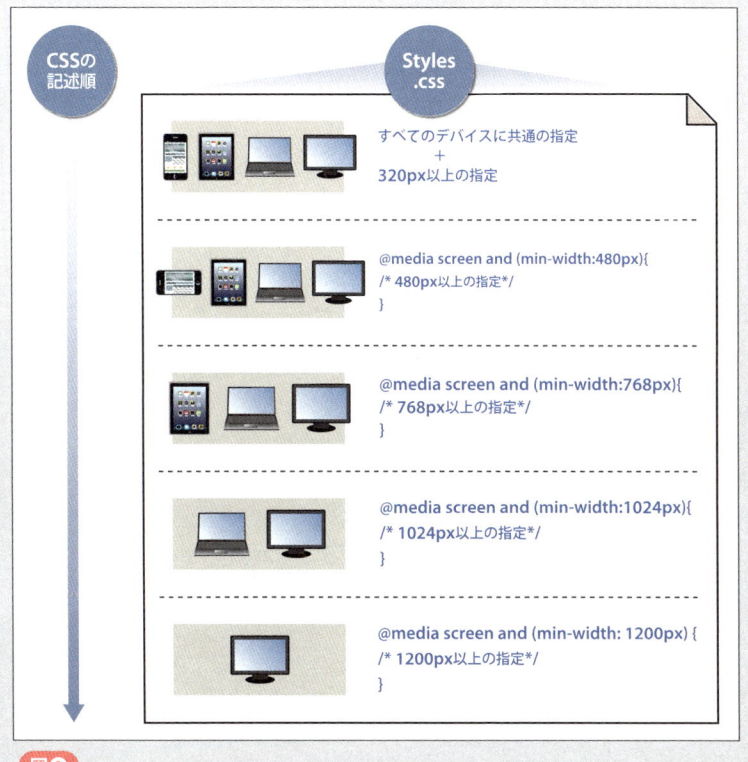

図❶
効率のいいメディアクエリーの記述順

　メディアクエリーを指定していない部分のCSSには、最小幅0px以上のスタイルシートを指定します。スマートフォンに最適化したレイアウトの指定に加えて、デスクトップを含めたデバイスで共通で利用する、フォントの色や背景色などのベースとなるスタイルも指定します。
　メディアクエリーを使ったスタイルシートでは、メディアクエリーを指定していないデフォルトのスタイルシートとの差分を記述していきま

す。たとえば、1024px以上ではウィンドウサイズが大きくなるので、floatなどレイアウトに関連する指定を追加します。

```css
@charset "utf-8";
/* 最小幅 0px 以上 */
@media screen and (min-width:480px){
/* 最小幅 480px 以上の指定 */
}
@media screen and (min-width:768px){
/* 最小幅 768px 以上の指定 */
}
@media screen and (min-width:1024px){
/* 最小幅 1024px 以上の指定 */
}
```

　ブラウザーは、メディアクエリーの@media内のスタイルシートをすべて読み込むものと考えがちですが、実際には最初の@media screen and (min-width:px)の部分のみを読み込み、その後の読み込みを判定しています。たとえば、ウィンドウ幅が480px未満の場合、ブラウザーは以下の指定を読み込みません。

```css
@media screen and (min-width:480px){}
@media screen and (min-width:768px){}
@media screen and (min-width:1024px){}
```

　メディアクエリーを効率よく記述することで、無駄なスタイルシートを読み込ませる必要がなくなります。

2-6 レスポンシブWebデザインを完成させよう
フルードグリッドへの変換

　メディアクエリーを設定し、グリッドデザインで大きな画面にも対応した「カフェ ビーン」をフルードデザイン（リキッドレイアウト）に変更します。レスポンシブWebデザインによるサイト制作もいよいよ完成です。

フルードグリッドへの変換方法

　[2-5]で、1024px以上のスタイルシートが一通り完成しましたが、この状態ではウィンドウサイズを広げても`px`で幅を指定している`#contents`、`nav`、`footer`の幅は固定されたままです。そこで、`px`単位で幅を指定しているこれら3つの要素の`width`、`margin`、`padding`の値を%単位に変更し、ウィンドウ幅に応じて要素の幅が変わるようにします。

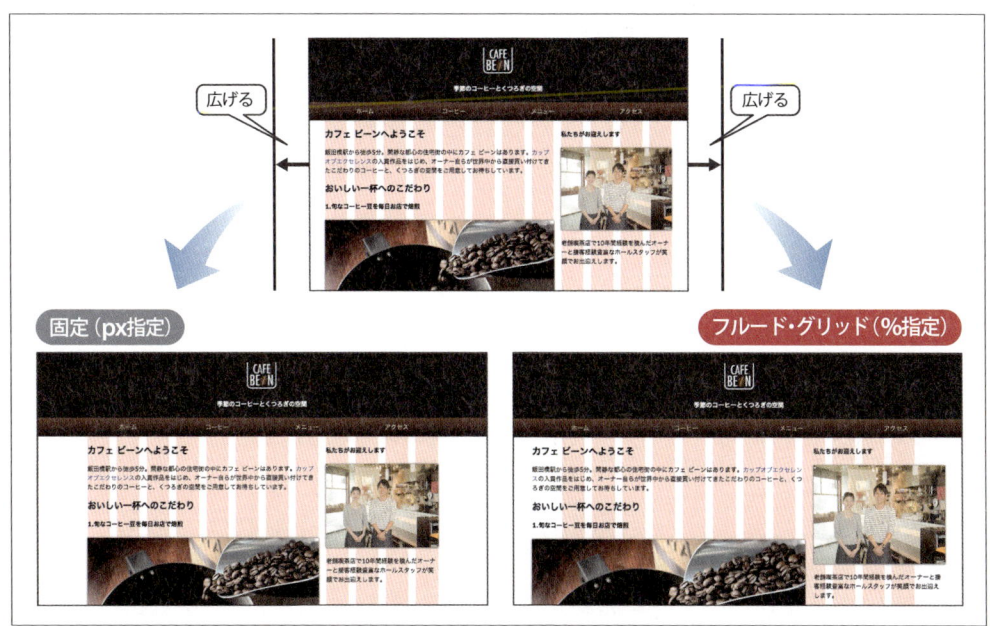

図❶　フルードグリッドの完成でウィンドウ幅に応じてレイアウトが拡大・縮小する

いわゆるリキッドレイアウト（可変レイアウト）と呼ばれるレイアウトですが、リキッドに対応したグリッドデザインを特に**「フルードグリッド」**といいます。レスポンシブWebデザインはフルードグリッドを導入することで完成します。

カラム幅の変更

pxで指定していた値を％へ変換するには、以下のような計算式を使います。

変換したい値 ÷ 変換したい値の親要素の幅 ×100

最初に、左側に配置した`#main`（620px）の横幅を％に変換してみましょう。`#main`の親要素は`#contents`（960px）ですので、前の計算式に当てはめると、

620px÷960px×100=64.583333333％

となります。

次に、`#main`の`margin`（10px）の値を計算しましょう。

10px÷960px×100=1.041666667％

続いて、`#sub`（300px）の値も以下のように計算します。

300px÷960px×100=31.25％

計算して求めた値をもとに、スタイルシートを以下のように書き換えます。

・px指定（固定）

```css
#contents #main,
#contents #sub {
float : left;
margin : 0 10px }
#contents #main { width : 620px}
#contents #sub { width : 300px}
```

・％指定（フルードグリッド）

```css
#contents #main,
#contents #sub {
```

サンプル❶
chap02/06/01/assets/css/
styles.css

```
float : left;
margin : 0 1.0416667%} /*10/960*/
#contents #main { width : 64.5833333%} /*620/960*/
#contents #sub { width : 31.25%} /*300/960*/
```

　#mainや#subの親要素である#contentsのwidth（960px）も%に変換します。#contentsの親要素はbody要素であり、body要素の幅はhtml要素の幅（つまりウィンドウ幅）と同じです。そこで、メディアクエリーで指定している1024pxを#contentsの親要素の幅として計算します。

960px÷1024px×100＝93.75%

スタイルシートは以下のように書き換えます。

・px指定（固定）

```css
#contents {
overflow : hidden;
width : 960px}/* 960/1024 */
```

・%指定（フルードグリッド）

```css
#contents {
overflow : hidden;
width : 93.75%} /*960/1024*/
```

ナビゲーションの指定

　ナビゲーション（nav ul）のwidthも同様の方法で計算すると、スタイルシートは以下のようになります。

・px指定（固定）

```css
nav ul {
width : 960px;/* 960/1024 */
margin : 0 auto}
```

・%指定（フルードグリッド）

```css
nav ul {
width : 93.75%; /*960/1024*/
margin : 0 auto}
```

footerの指定

フッター（`footer`）の幅も以下のように%へ変更します。

・px指定（固定）

```css
footer {
width : 940px;
margin : 0 auto}
```

・%指定（フルードグリッド）

```css
footer {
width : 91.796875%; /*940/1024*/
margin : 0 auto}
```

サンプルサイトの完成

　ここまでで、pxによる固定幅レイアウトからフルードグリッドへの変換が完了しました。最後に、作業用に背景に敷いていたグリッド画像を取り除いたら、レスポンシブWebデザインによる「カフェ　ビーン」の完成です。

　完成したサイトの幅320px／幅768px／幅1024pxの各画面は図❷のようになります。ブラウザーの横幅を変更して、正しく表示されるか確認してみましょう。

2-6 ｜ フルードグリッドへの変換

▼幅320pxでの表示　　▼幅768pxでの表示　　▼幅1024pxでの表示

図❷
完成した「カフェ ビーン」の画面

サンプル❷は、完成した「カフェ ビーン」のHTMLとCSSです。

サンプル❷
chap02/06/02/index.html

```html
<!DOCTYPE HTML>
<html lang="ja">
<head>
  <meta charset="utf-8">
  <meta name="viewport" content="width=device-width,initial-scale=1.0">
  <title>トップ | カフェ ビーン</title>
    <link rel="stylesheet" type="text/css" href="assets/css/styles.css" media="all">
</head>
<body>
<!-- header -->
<header>
    <hgroup>
    <h1><img src="assets/images/logo.png" alt="ロゴ カフェ ビーン"></h1>
    <h2>季節のコーヒーとくつろぎの空間</h2>
    </hgroup>
    <nav>
      <ul>
        <li><a href="#">ホーム</a></li>
        <li><a href="#">コーヒー</a></li>
        <li><a href="#">メニュー</a></li>
        <li><a href="#">アクセス</a></li>
      </ul>
    </nav>
</header>
<!-- //header -->
<!--contentns-->
<div id="contents">
<div id="main">
<section id="vitamin">
<h3>カフェ ビーンへようこそ</h3>
<p>飯田橋駅から徒歩５分。閑静な都心の住宅街の中にカフェ ビーンはあります。
<a href="http://www.allianceforcoffeeexcellence.org/en/">カップオブエクセレンス</a>の入賞作品をはじめ、オーナー自らが世界中から直接買い付けてきたこだわりのコーヒーと、くつろぎの空間をご用意してお待ちしています。</p>
</section>
<section id="reciept">
<h3>おいしい一杯へのこだわり</h3>
<h4>1. 旬なコーヒー豆を毎日お店で焙煎</h4>
```

```html
<img src="assets/images/cafe01.jpg" alt="写真 コーヒー豆">
<p>カフェ・ビーンのコーヒー豆はいつも新鮮。世界中から毎週入荷するニュークロップを直火式の小型ロースターで毎日少しずつお店で焙煎しています。</p>
<h4>2. 注文ごとに1杯ずつドリップ</h4>
<img src="assets/images/cafe02.jpg" alt="写真 コーヒードリップ">
<p>新鮮なのは豆だけではありません。コーヒードリンクはすべて、注文をいただいてから1杯ずつ丁寧にハンドドリップで提供します。</p>
</section>
</div>
<!--//main-->
<!--sub-->
<div id="sub">
<aside>
<h4>私たちがお迎えします</h4>
<img src="assets/images/cafe03.jpg" alt="写真 スタッフ">
<p>老舗喫茶店で10年間経験を積んだオーナーと接客経験豊富なホールスタッフが笑顔でお出迎えします。</p>
</aside>
</div>
<!--//sub-->
</div>
<!--//contents-->
<!-- footer -->
<footer>
<p><small>&copy;2013 CAFE BEAN</small></p>
</footer>
<!-- //footer -->
</body>
</html>
```

サンプル❷
chap02/06/02/assets/css/styles.css

```css
@charset "utf-8";
/* @group Reset */
*{ margin: 0;padding: 0}
a { text-decoration : none}
ul, ol { list-style : none}
img { vertical-align : top}
/* @end */
/* @group Fluid-img */
img { max-width : 100%}
/* @end */
/* @group HTML */
```

```css
html {
font-family : verdana, sans-serif;
font-size : 100%;
line-height : 1.5}
/* @end */
/* @group Heading */
h1,h2,h3,h4,h5,h6 { margin-bottom : 24px}
h1 {
font-size : 48px;
line-height : 1} /* 48px */
h2 {
font-size : 36px;
line-height : 1.3333} /* 48px */
h3 {
font-size : 24px;
line-height : 1} /* 24px */
hgroup h2,h4,h5,h6 {
font-size : 16px; /* 16px */
line-height : 1.5} /* 24px */
/* @end */
/* @group Header */
header {
text-align : center;
padding-top : 24px;
background : #211f1f}
header h1 { margin-bottom : 24px}
header h2 { color : #fff}
/* @end */
/* @group Nav */
nav {
margin-bottom : 24px;
background-color: #7D4934;
background: -moz-linear-gradient(top, rgba(125,73,52,1) 0%, rgba(43,21,18,1) 88%); /* old Fx (3.6 to 15) */
background: -webkit-gradient(linear, left top, left bottom, color-stop(0%,rgba(125,73,52,1)), color-stop(88%,rgba(43,21,18,1))); /* Chrome,Safari4+ */
background: -webkit-linear-gradient(top, rgba(125,73,52,1) 0%,rgba(43,21,18,1) 88%); /* Chrome10+,Safari5.1+ */
background: -o-linear-gradient(top, rgba(125,73,52,1) 0%,rgba(43,21,18,1) 88%);/* old Opera (11.1 to 12.0) */
background: linear-gradient(to bottom, rgba(125,73,52,1) 0%,rgba(43,21,18,1) 88%); /* W3C */
}
```

```css
nav ul { overflow : hidden}
nav ul li { width : 25%; float : left}
nav ul li a {
display : block;
color : #d8c2a4;
padding : 12px 0}
nav ul li a:hover {
color : white;
background-color : #7d4934}
/* @end */
/* @group Contents */
#contents {
width : 90%;
margin : 0 auto;
text-align : center}
#contents p {
margin-bottom : 24px;
text-align : left}
#contents img {
margin-bottom : 24px;
box-shadow : 0 0 5px #2f1f1f}
/* @end */
/* @group Footer */
footer {
padding : 24px 0;
color : white;
text-align : center;
background : url(../images/footer_bg.png)}
/* @end */
/*768px*/
@media screen and (min-width : 768px){
#contents { text-align : left}
}
/*1024px*/
@media screen and (min-width : 1024px) {
/* @group Nav */
nav ul {
width :93.75%;/* 960/1024 */
margin : 0 auto}
/* @end */
/* @group Contents */
#contents {
overflow : hidden;
```

```css
width : 93.75%}/* 960/1024 */
#contents #main,
#contents #sub {
float : left;
margin : 0 1.0416667%} /*10/960*/
#contents #main { width : 64.5833333%} /*620/960*/
#contents #sub { width : 31.25%} /*300/960*/
/* @end */
/* @group Footer */
footer {
width : 91.796875%; /*940/1024*/
margin : 0 auto}
/* @end */
}
```

Follow up ❹

フルードグリッドの必要性

　グリッドデザインによって整然とレイアウトされていても、Webブラウザーの横幅が変わればバランスは崩れてしまいます。そこで考えられたのが、「フルードデザイン」です。フルードデザインはWebブラウザーの横幅が変更されても、バランスを一定に保ったままレイアウトを調整する手法で、「リキッドレイアウト（Liquid Layout）」とも呼ばれています。

　フルードデザインでは、Webページの横幅をブラウザーに合わせて調整するため、要素の幅を％で指定します。％での指定を簡単にするために、グリッドデザインによって要素のサイズや表示領域をpx単位で把握しておく必要があるのです。

固定幅レイアウトとフルードデザイン

　Webページの代表的なレイアウトは3種類あります。width、margin、paddingをすべてpxで指定する「フィックス（固定幅）レイアウト（Fixed Layout）」、すべて％で指定する「フルードデザイン」、すべて相対単位であるemで指定する「エラスティックレイアウト（Elastic Layout）」です。

　px単位で指定する固定幅レイアウトのほうが直観的で扱いやすく、フルードデザインは難しいともいわれています。しかし、レスポンシブWebデザインの3要素のひとつであるフルードグリッドを実現するには、フルードデザインの採用が欠かせません。

　実際に「固定幅レイアウト」と「フルードデザイン」をブラウザー上で表示してその違いを比較してみましょう。

　サンプル❶は、固定幅レイアウトで作った簡単なボックスレイアウトのソースコードです。

サンプル❶
chap02/column4/01/index.html

```html
<!DOCTYPE HTML>
<html lang="ja">
<head>
  <meta charset="utf-8">
  <title>フィックス・レイアウトサンプル</title>
  <style type="text/css">
  body { width : 1000px;margin: 0 auto}
```

```
    header,footer {
    height : 200px;
    background: gray}
    footer {clear: both}
    #left,#middle,#right {
    height : 400px;
    float : left}
    #left { width: 300px;background: red}
    #middle { width : 400px;background: green}
    #right { width: 300px; background: blue}
    </style>
</head>
<body>
  <header></header>
  <div id="contents">
   <div id="left"></div>
   <div id="middle"></div>
   <div id="right"></div>
  </div>
  <footer></footer>
</body>
</html>
```

サンプル❶をブラウザーで開くと、図❶のように表示されます。幅1000pxにコンテンツ幅を指定しているので、ウィンドウ幅が1000pxを下回るとページが横にはみ出てスクロールバーが表示されます。

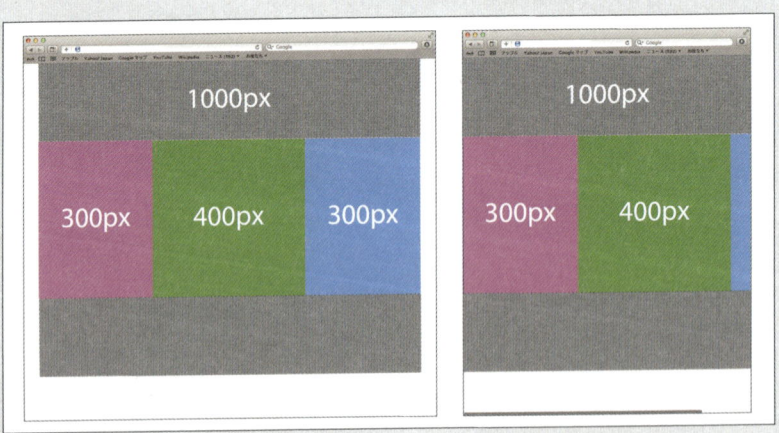

図❶
サンプル1の表示イメージ。左は幅100％の実行画面、右は幅を狭めたときの画面。ウィンドウを狭めるとウィンドウ下に横スクロールバーが表示されている

サンプル❷は、固定幅レイアウトで作成したサンプル❶を、フルードデザインに変換したものです。

サンプル❷
chap02/column4/02/index.html

```html
<!DOCTYPE HTML>
<html lang="ja">
<head>
    <meta charset="utf-8">
    <title> フルードデザインサンプル </title>
    <style type="text/css">
    body { width : 78.125%;margin: 0 auto}
    header,
    footer {
    height : 200px;
    background : gray}
    footer { clear : both}
    #left,
    #middle,
    #right {
    height : 400px;
    float : left}
    #left { width : 30%; background : red}
    #middle { width : 40%;background : green}
    #right { width : 30%; background : blue}
    </style>
</head>
<body>
    <header></header>
    <div id="contents">
     <div id="left"></div>
     <div id="middle"></div>
     <div id="right"></div>
    </div>
    <footer></footer>
</body>
</html>
```

　サンプル❷をブラウザーで開くと、図❷のように表示されます。ボックスの横幅を%単位で指定しているフルードデザインでは、ページがブラウザーの外にはみ出すことがなく、各ボックスの比率を維持したまま全体が縮小して表示されます。横幅をいくら狭くしても、横スクロールバーは表示されません。

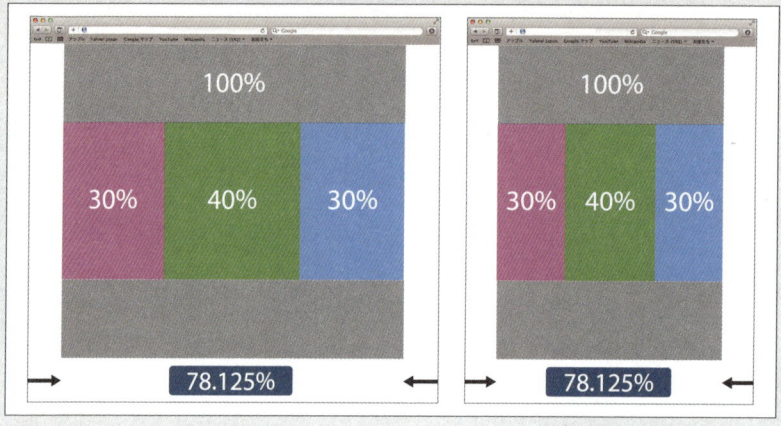

図❷
サンプル2の表示イメージ。ウィンドウ幅を広げても（左）、縮めても同じ比率を維持したまま全体が表示される。ウィンドウ下に横スクロールバーは表示されない

　スマートフォンやタブレットなどの小さな画面でも快適に閲覧できるようにすること、大きな画面でもレイアウトのバランスが崩れないようにすることを考えると、レスポンシブWebデザインにはフルードグリッドが必要だということが理解できるでしょう。

2-7 もっと読みやすく、使いやすくするテクニック
レスポンシブタイプセッティング

[2-6]で、基本的なレスポンシブWebデザインのサイトができあがりました。ウィンドウサイズによってレイアウトと画像サイズを変更していましたが、本来は、ウィンドウサイズによって文字のサイズも適切なサイズに調整すべきです。[2-7]では「レスポンシブタイプセッティング」の考え方と実装方法を紹介します。

レスポンシブタイプセッティングとは

「レスポンシブタイプセッティング（Responsive Typesetting）」とは、文字サイズをウィンドウの大きさに合わせて調整する技術です。サンプルサイトの「カフェ　ビーン」では、ウィンドウサイズによってレイアウトと画像のサイズを変更していましたが、文字の大きさは変わりませんでした。

ところが、小さなスクリーンで文字サイズが大きなままだと改行が多くなり、1ページの縦幅が長くなってしまいます。ユーザーは延々とスクロールしなければならず、結果として非常に使いづらいWebサイトになってしまうでしょう（図❶）。

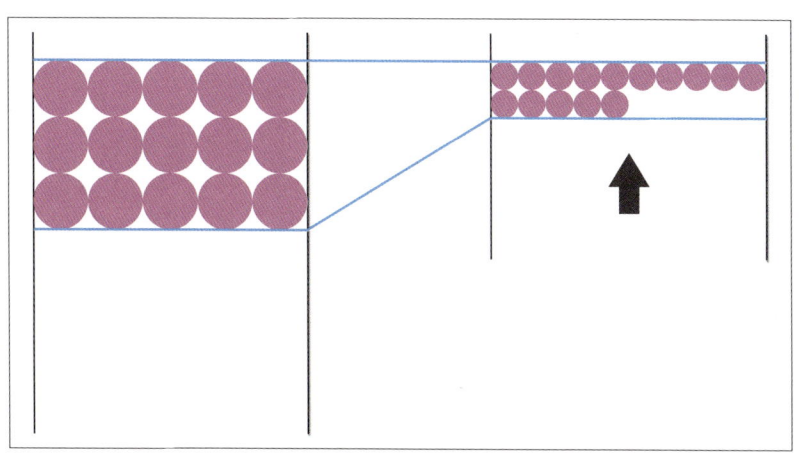

図❶
画面幅が小さい場合は文字も小さいほうが見やすい

そこで、商用サイトでレスポンシブWebデザインを本格的に採用する場合は、レスポンシブタイプセッティングを使って、**小さなウィンドウほど文字サイズが小さくなる**ようにする必要があります。

emによるサイズの指定

ウィンドウサイズによってフォントサイズを変えるといっても、すべての要素のフォントサイズや余白をいちいちウィンドウサイズごとに記述していては面倒です。そこでレスポンシブタイプセッティングでは、`font-size`、レイアウト上下の`margin`、`padding`をすべて「**em**」という単位で指定します。emとは、フォントの大文字の"M"の高さを基準とした相対単位です。

- **px**：1pxを1とする大きさ。ディスプレイの解像度に依存する
- **em**：適用する要素のfont-sizeプロパティの値を1とする大きさ。font-sizeプロパティで使用するときは親要素のfont-sizeプロパティの値が1になる

基準となる`font-size`が小さくなると、emで指定された値も小さくなります。たとえば、基準となる`font-size`が16pxとすると、1emは16pxになり、2emは32px、3emは48pxになる、といった具合です。

- **0.5em = 8px**
- **2em = 32px**
- **1em = 16px（基準値）**
- **3em = 48px**

基準となる`font-size`を12pxとすると、1emは12pxになります。

- **0.5em = 6px**
- **2em = 24px**
- **1em = 12px（基準値）**
- **3em = 36px**

px単位の値は以下の式でemに変換できます。

em に変換したい px 値 ÷ 基準となる font-size の px 値

少しややこしいのは、`1em`の基準となる`font-size`が、スタイルシートのプロパティによって変わることです。第2章で作成した「カフェ　ビーン」の`CSS`を例に、`px`で指定したサイズを実際に`em`に置き換えてみましょう。

カフェ　ビーンの`h1`要素のスタイルは以下のように指定していました。

```css
h1 {
font-size : 48px;
line-height : 1; /* 48px */
margin-bottom : 24px}
```

同じサイズを`em`で書き直すと以下のようになります。

```css
h1 {
font-size : 3em; /* 48px */
line-height : 1; /* 48px */
margin-bottom : 0.5em}
```

`font-size`を`em`単位で指定すると、`1em`は親要素の`font-size`が基準になります。`h1`の親要素は`html`要素で、ブラウザーの標準フォントサイズは`16px`ですから、`font-size`で指定する`em`は「`1em＝16px`」となります。

一方、`margin`や`padding`では、その要素の`font-size`が`1em`の基準になります。`h1`の`font-size`は`3em`ですが`px`に変換すると`48px`ですので、`h1`の`margin-bottom`に`0.5em`を指定すると`48px`の半分、つまり`24px`になります（図❷）。

```
html {
    font-size : 16px    1emの基準サイズ
}

    h1 {
        font-size : 3em; =48px   1emの基準サイズ
        line-height : 1;
        margin-bottom : 0.5em =24px
    }
```

図❷
`em`による`h1`要素の指定

h2要素も同様の考え方でpxからemへ変換できます。「カフェ ビーン」のh2要素の指定は以下のようになっていました。

```css
h2 {
font-size : 36px;
line-height : 1.3333; /* 48px */
margin-bottom : 24px}
```

これをemで書き直すと以下のようになります。

```css
h2 {
font-size: 2.25em; /* 36px */
line-height: 1.3333; /* 48px */
margin-bottom: 0.6667em}
```

font-sizeに指定する1emの基準は、h1と同様にhtml要素のfont-size（16px）ですので、36px÷16px=2.25emになります。margin-bottomに指定する1emの基準はh2のfont-sizeである2.25em（=36px）ですから、24px÷36px＝0.667emとなります（図❸）。

図❸
h2要素のフォントサイズ指定

```
html {
    font-size : 16px   1emの基準サイズ
}

h1 {
    font-size : 3em;  =48px   1emの基準サイズ
    line-height : 1;
    margin-bottom : 0.5em  =24px
}
h2 {
    font-size : 2.25em;  =36px   1emの基準サイズ
    line-height : 1;
    margin-bottom : 0.677em  =24px
}
⋮
```

このように、基準とする`font-size`によって`1em`の値が変動するため、結果的に同じ大きさで表示されたとしても、em値が同じとは限りません。

ここまで紹介した考え方に沿って、「カフェ　ビーン」の`font-size`と`margin-bottom`をem値に計算すると、以下の表のようになります。

要素	px	1emの基準	em
font-size			
h1	48px	16px	3em
h2	36px	16px	2.25em
h3	24px	16px	1.5em
hgroup内のh4〜h6	16px	16px	1em
margin-bottom			
h1	24px	48px	0.5em
h2	24px	36px	0.6667em
h3	24px	24px	1em
hgroup内のh4〜h6	24px	16px	1.5em

表❶　emへの変換

emを採用する理由

　emは基準となる`font-size`によって実際の表示サイズが変わることがわかりました。レスポンシスブタイプセッティングでemを採用する理由は、emのこの性質にあります。

　次の例を見てください。`html`要素の`font-size`を`50%`に指定し、`html`要素内の`p`要素の`font-size`と`margin-bottom`を`16px`に指定しています。

```css
html {
font-size : 50%}

p {
font-size : 16px;
margin-bottom : 16px}
```

html要素のフォントサイズを半分の50%に指定しても、p要素のfont-sizeやmargin-bottomは影響を受けず、16pxで表示されます。

　続いて、次のサンプルを見てください。前のサンプルとよく似ていますが、p要素のfont-sizeとmargin-bottomの単位にはemを使い、1emに指定しています。

```
html {
font-size : 50%}/*16px  x 50% =8px */

p {
font-size : 1em;/*8px*/
margin-bottom : 1em}/*8px*/
```

　emで指定したfont-sizeは親要素のfont-sizeが基準になるので、html要素のfont-sizeを半分の50%（ブラウザー標準の16pxの半分、つまり8px）に指定すると、p要素のfont-sizeも8pxになります。margin-bottomのemの基準となるfont-sizeはp要素のfont-sizeなので、margin-bottomも同様に8pxです。

　このように、pxではなくemで指定しておけば、**html要素のfont-sizeを変更するだけで子要素（html要素以下のすべての要素）の指定値が連動して変更されます**。font-sizeだけでなく、margin-bottomなどで指定した余白も比率を維持したまま一括して変更されるので、emを採用することで文字の設定を効率化できるわけです。

実例に見るレスポンシブタイプセッティング

　emについての理解が深まったところで、「カフェ　ビーン」のサイトでレスポンシブタイプセッティングを実践してみましょう。px単位で指定されていたスタイルシートの値を、すべてem単位に書き換えます。

　html要素に指定している基準フォントサイズを拡大・縮小させれば、レイアウトの基準となるemの大きさも拡大・縮小するため、width、height、margin、paddingなどで指定した値はすべてフォントサイズに合わせて拡大・縮小するようになります。

見出し部分の変更

各見出し部分のスタイルシートは以下のようになります。値は前で示したとおりですが、あらためて確認しておきましょう。

・px指定

```css
h1 {
font-size: 48px;
line-height: 1; /* 48px */
margin-bottom: 24px}

h2 {
font-size: 36px;
line-height: 1.3333; /* 48px */
margin-bottom: 24px}

h3 {
font-size: 24px;
line-height: 1; /* 24px */
margin-bottom: 24px}

hgroup h2,h4,h5,h6 {
font-size: 16px;
line-height: 1.5; /* 24px */
margin-bottom: 24px}
```

・em指定

```css
h1 {
font-size : 3em; /* 48px */
line-height : 1; /* 48px */
margin-bottom : 0.5em}

h2 {
font-size: 2.25em; /* 36px */text-
line-height: 1.3333; /* 48px */
margin-bottom: 0.6667em}

h3 {
font-size: 1.5em; /* 24px */
line-height: 1; /* 24px */
margin-bottom: 1em}
```

```
hgroup h2,h4,h5,h6 {
font-size: 1em;  /* 16px */
line-height: 1.5;  /* 24px */
margin-bottom: 1.5em}
```

ヘッダー部分の処理

　header 要素の padding-top（図❹）は 24px を指定していたので、16px の 1.5 倍である「1.5em」を指定します。header 要素内の h1 要素の margin-bottom は、前に記述した h1 要素の基準 font-size が 48px に変わっているので、その 2 分の 1 である「0.5em」を指定すると 24px 相当になります。

図❹
header要素のpadding-top（赤枠の範囲）

・px指定

```
header { text-align: center;padding-top: 24px}
header h1 { margin-bottom: 24px}
```

・em指定

```
header { text-align: center;padding-top: 1.5em}
header h1 { margin-bottom : 0.5em}
```

ナビゲーション部分の処理

　ナビゲーション（nav 要素内の a 要素）の垂直方向の padding（図❺）に指定されている 12px を html 要素のフォントサイズである 16px で割ります。「0.75em」になります。

図❹
a要素のpadding
（赤枠の範囲）

・px指定

```css
nav ul li a {
  display : block;
  color : #d8c2a4;
  padding : 12px 0;
  background : #62240b}
```

・em指定

```css
nav ul li a {
  display : block;
  color : #d8c2a4;
  padding : 0.75em 0;
  background : #62240b}
```

フッター部分の処理

footer 要素の垂直方向の padding（図❻）は、html 要素の font-size である 16px を基準として 24px÷16px で求めます。値は 1.5em と指定します。

図❻
footer要素のpadding
（赤枠の範囲）

・px指定

```css
footer {
  color : white;
  text-align : center;
  padding : 24px 0;
  background : url(../images/footer_bg.png)}
```

・em指定

```css
footer {
  color : white;
  text-align : center;
  padding : 1.5em 0;
  background : url(../images/footer_bg.png)}
```

メディアクエリーで基準フォントサイズを変更する

　em単位で指定する最大の利点は、基準となる`font-size`を変更するだけで、`margin`や`padding`などのすべての指定値が連動して変更されることです。レスポンシブタイプセッティングは、この性質を利用して、すべての要素の`font-size`のルートとなる`html`要素の`font-size`をスクリーンサイズによって変更します。

　`html`要素のフォントサイズは、デバイスのスクリーンサイズではなく、ユーザーの目とデバイスの表面との距離（視聴距離）で考えます。スマートフォンやタブレットは手に持って操作するので視聴距離が近く、比較的小さなフォントサイズでも問題ありません。デバイスを手に持てず、視聴距離が調整しづらいデスクトップPCやテレビでは大きめのフォントサイズを設定します。特にテレビの場合、解像度はデスクトップPCと大きく変わりませんが、視聴距離が長い分、フォントサイズはPCよりも大きくする必要があります。

　デバイスごとの一般的な視聴距離と、目安となる`font-size`は表❷を参考にしてください。実際にはユーザーの利用シーンによっても変わりますが、おおよその目安として最適なサイズを導きましょう。

デバイス	視聴距離	html要素のfont-size
スマートフォン	約20cm〜25cm	12px以上
タブレット端末（768px以上）	約25cm〜30cm	14px以上
デスクトップ（1024px以上）	約40cm〜50cm	16px以上
テレビ（1920px以上:46インチ）	170cm	70px以上

表❷　フォントサイズの目安

　デバイスごとの`html`要素の`font-size`が決まったら、メディアクエリーを使って、対応するウィンドウサイズの`font-size`を記述します。メディアクエリー内の`html`要素の`font-size`はpx単位で指定しても構いませんが、％単位で指定すると画面幅によるサイズの違いを拡大・縮小率として直感的に把握できます。

　`html`要素のフォントサイズは、ブラウザーの標準フォントサイズである`16px`を基準に以下のように計算できます。

- 画面幅767px以下：12px：12px÷16px×100＝75%
- 画面幅768px以上：14px：14px÷16px×100＝87.5%
- 画面幅1024px以上：16px：16px÷16px×100＝100%

　ベースのCSSとメディアクエリー内のフォントサイズを%指定で以下のように記述します。

・px指定

```css
html { font-size : 12px }

@media screen and (min-width : 768px){
html { font-size : 14px }}

@media screen and (min-width : 1024px) {
html { font-size : 16px }}
```

・%指定

```css
html { font-size : 75%}

@media screen and (min-width : 768px){
html { font-size : 87.5%}}

@media screen and (min-width : 1024px) {
html { font-size : 100%}}
```

　以上でレスポンシブ　タイプセッティングの実装が終わりました。ブラウザーで表示すると図❼のようになります。幅320pxのスマートフォンでは小さな文字で表示され、ウィンドウサイズによって少しずつフォントサイズが大きくなります。

　サンプル❶にレスポンシブタイプセッティングを実装した「カフェ　ビーン」のソースコードをまとめておきます。pxで指定していた値をemと%に置き換えたCSSです。

図❼
カフェ ビーンにレスポン
シブタイプセッティング
を適用した画面

サンプル❶
chap02/07/01/assets/css/
styles.css

```css
@charset "utf-8";
/* @group Reset */
*{margin: 0;padding: 0}
a { text-decoration : none}
ul, ol { list-style : none}
img { vertical-align : middle}
/* @end */
/* @group fluid image */
img { max-width : 100%}
/* @end */
/* @group HTML */
html {
font-family : verdana, sans-serif;
font-size : 75%;/* レスポンシブタイプセッティングの指定 */
line-height : 1.5;
/* @end */
```

```css
/* @group Heading */
h1 {
font-size : 3em; /* 48px */
line-height : 1; /* 48px */
margin-bottom : 0.5em}
h2 {
font-size : 2.25em; /* 36px */
line-height : 1.3333; /* 48px */
margin-bottom : 0.6667em}
h3 {
font-size : 1.5em; /* 24px */
line-height : 1; /* 24px */
margin-bottom : 1em}
hgroup h2,h4,h5,h6 {
font-size : 1em; /* 16px */
line-height : 1.5; /* 24px */
margin-bottom : 1.5em}
/* @end */
/* @group Header */
header {
text-align : center;
padding-top : 1.5em;
background : #211f1f}
header h1 { margin-bottom : 0.5em}
header h2 { color : #62240b}
/* @end */
/* @group Nav */
nav {
margin-bottom : 1.5em;
background-color: #7D4934;
background: -moz-linear-gradient(top, rgba(125,73,52,1) 0%, rgba(43,21,18,1) 88%); /* old Fx (3.6 to 15) */
background: -webkit-gradient(linear, left top, left bottom, color-stop(0%,rgba(125,73,52,1)), color-stop(88%,rgba(43,21,18,1))); /* Chrome,Safari4+ */
background: -webkit-linear-gradient(top, rgba(125,73,52,1) 0%,rgba(43,21,18,1) 88%); /* Chrome10+,Safari5.1+ */
background: -o-linear-gradient(top, rgba(125,73,52,1) 0%,rgba(43,21,18,1) 88%);/* old Opera (11.1 to 12.0) */
background: linear-gradient(to bottom, rgba(125,73,52,1) 0%,rgba(43,21,18,1) 88%); /* W3C */
}
nav ul { overflow : hidden}
nav ul li { width : 25%; float : left}
```

```css
nav ul li a {
display : block;
color : #d8c2a4;
padding : 0.75em 0}
nav ul li a:hover {
color : white;
background-color : #7d4934}
/* @end */
/* @group Contents */
#contents {
width : 90%;
margin : 0 auto;
text-align : center}
#contents p {
margin-bottom : 1.5em;
text-align : left}
#contents img {
margin-bottom : 1.5em;
box-shadow : 0 0 5px #2f1f1f}
/* @end */
/* @group footer */
footer {
padding : 1.5em 0;
color : white;
text-align : center;
background : url(../images/footer_bg.png)}
/* @end */
/*768px*/
@media screen and (min-width : 768px){
html { font-size : 87.5%}/* レスポンシブタイプセッティングの指定 */
#contents { text-align : left}
}
/*1024px*/
@media screen and (min-width : 1024px) {
html { font-size : 100%}/* レスポンシブタイプセッティングの指定 */
/* @group Nav */
nav ul {
width : 93.75%; /*960/1024*/
margin : 0 auto}
/* @end */
/* @group Contents */
#contents {
overflow : hidden;
```

```
width : 93.75%} /*960/1024*/
#contents #main,
#contents #sub {
float : left;
margin : 0 1.0416667%} /*10/960*/
#contents #main {width : 64.5833333%} /*620/960*/
#contents #sub {width : 31.25%} /*300/960*/
/* @end */
/* @group Footer */
footer {
width : 91.796875%; /*940/1024*/
margin : 0 auto}
/* @end */
}
```

em値を簡単に導く方法

「カフェ ビーン」では、h1要素を48px、h2要素を36px、h3要素を24px、h4〜h6要素を16pxに指定しましたが、ベースグリッド（罫線）の高さに沿って文字がピッタリとおさまるのであれば、他のサイズでも構いません。

ベースグリッド、`font-size`、`line-height`の計算が面倒であれば、「**CSS with vertical rhythm**」[*1]を利用するとよいでしょう（図❼）。

*1 http://drewish.com/tools/vertical-rhythm

図❼ CSS with vertical rhythmサイト

CSS with vertical rhythmの使い方は簡単です。「Base font size(pixels)」に基準となるフォントサイズを、「Target font sizes(pixels)」には設定したい見出しのフォントサイズを入力します。「カフェ ビーン」では、Base for sizeに「16」を、Target font sizesに「24」と入力します。2つの値を入力して、「Compute」をクリックすると、line-height、margin-bottomの値が算出され、CSSのコードが生成されます（図⑧）。

図⑧
「Base font size(pixels)」に16px、「Target font sizes(pixels)」に24pxを指定した結果

＊2
マージンの相殺
49ページ

生成されたコードには、margin-topが指定されている場合がありますが、margin-topとmargin-bottomを同時に指定すると**マージンが相殺**[*2]される恐れがあるので、margin-bottomに書き換えて使います。

Follow up ❺

次の新しい単位「rem」

　emと同じように、基準とするフォントサイズによって実際の大きさが相対的に変わる単位として「rem」(:root em)があります。emは親要素の大きさが基準になるのに対して、remは常に:root要素、つまりhtml要素の大きさを基準にします。html要素のフォントサイズを変更しない限り、ブラウザーのデフォルトである「1rem=16px」という値は一定です。

　以下のようなスタイルシートを、「px」「em」「rem」で指定する場合を比較してみましょう。

- 「h1」のfont-sizeを48pxに指定
- 「margin-bottom」は24pxに指定

px単位で指定する場合

　px単位で指定する場合は以下のようになります。

```css
h1{
font-size : 48px;
margin-bottom : 24px}
```

em単位で指定する場合

　em単位で指定する場合は以下のようになります。

```css
h1{
font-size : 3em;
margin-bottom : .5em}
```

　html要素のfont-sizeを16pxとすると、h1のfont-sizeは48px÷16pxで3emになります。margin-bottomに指定する値の24pxは1emを48pxとして計算するので、0.5emになります。

rem単位で指定する場合

　1remはhtml要素のフォントサイズを変えなければ16pxですので、font-sizeの48pxはemと同様に3remになります。ただし、remは基準となるフォントサイズが常に同じですので、margin-bottom:24pxは24px÷16pxで1.5remとなります。

```css
h1{
font-size : 3rem;
margin-bottom : 1.5rem}
```

「rem」をサポートしないブラウザーへの対応

　計算が複雑でやや面倒なemに対して、基準サイズが一定のremはレスポンシブタイプセッティングで使いやすい単位です。ただし、Internet Explorer 6〜8はremをサポートしていませんので、フォールバックとして以下のような記述を追加します。

```css
h1{
font-size : 48px;
font-size : 3rem;
margin-bottom : 24px;
margin-bottom : 1.5rem}
```

　この場合、IE6〜8のようなremをサポートしないブラウザーではフォントサイズが固定された状態で表示されます。とはいえ、IE8以下を搭載するスマートフォンは国内ではほぼ存在しないので、フォントサイズを無理に変更する必要はないでしょう（表❷）。

バージョン	搭載OS	remサポート
IE6	Windows XP	×
IE7	Windows Vista	×
IE8	Windows 7	×
IE9	Windows 7／Windows Phone	○

表❷　IEにおけるremのサポート

　なお、IE6〜8はメディアクエリーもサポートしてないため、メディアクエリー内の記述をすべて無視します。フォールバックはメディアクエリーの外側に記述しましょう。

Follow up ❺

スマートフォンで文字を見やすくするテクニック

レスポンシブタイプセッティングではスクリーンサイズによってフォントサイズが変わりますが、スマートフォンなどの小さなスクリーンでは文字が小さくなり、見づらいことがあります。

特に、多くのスマートフォンやタブレットに採用されているWebKit系のブラウザーでは、大きな文字をきれいに表示するためにアンチエイリアスが強くかかり、文字が太って表示されるため、レスポンシブタイプセッティングを導入する場合は、アンチエイリアスを調整しましょう。

アンチエイリアスを制御する-webkit-font-smoothing

「-webkit-font-smoothing」は、Webkit系ブラウザー（Safari／Google Chrome／Androidブラウザなど）で、文字に対するアンチエイリアス機能の設定を変更するCSSプロパティです。

-webkit-font-smoothingには以下の値を指定できます。

値	意味
none	アンチエイリアスなし
subpixel-antialiased	アンチエイリアスあり。効果がもっとも強くかかる。デフォルト値
antialiased	アンチエイリアスあり

表❷　IEにおけるremのサポート

図❶は背景が白いページで、図❷は背景が黒いページで、それぞれアンチエイリアスの設定を変更して比較した画面です（サンプル❶）。特に黒の背景に白抜きにした文字は見えずらく、画数の多い漢字などの日本語が潰れて表示されています。

サンプル❶
chap02/column8/01/index.html

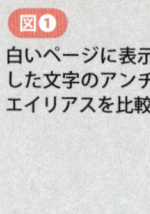

図❶ 白いページに表示した文字のアンチエイリアスを比較

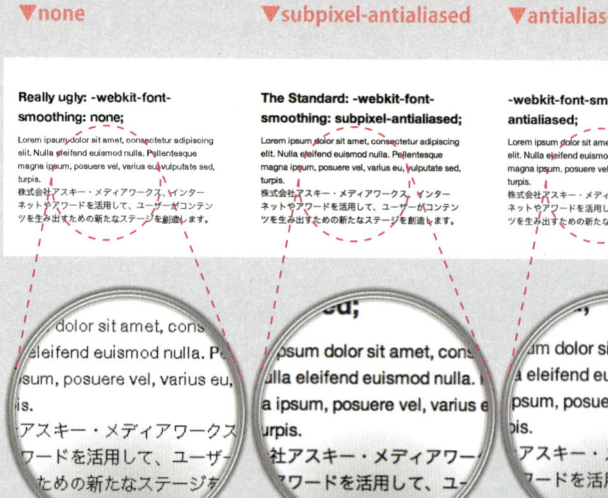

図❷ 黒いページに表示した反転文字のアンチエイリアスを比較

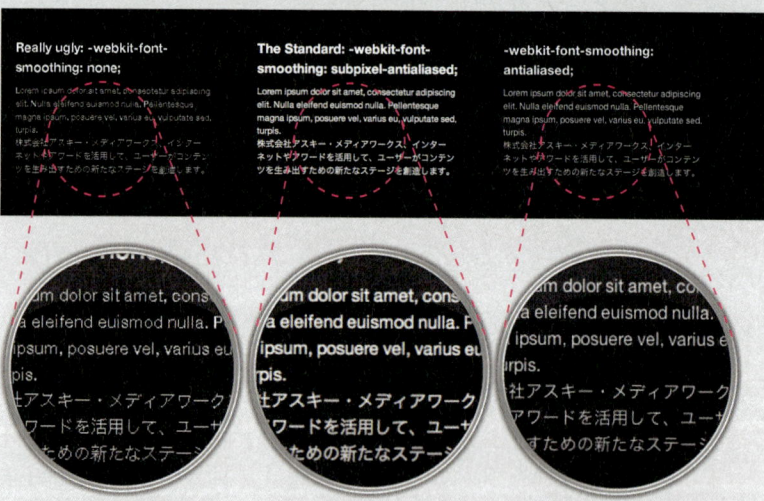

　WebKit系のブラウザーでしか使えないテクニックですが、スマートフォンなどで文字を小さく表示するときには、メディアクエリー内に-webkit-font-sommothingを記述して、アンチエイリアスの設定を調整するとよいでしょう。

第 3 章

【実践編】
商用サイトで通じるプロのテクニック

画像の処理や効率的なグリッド設計など、レスポンシブWebデザインを商用サイトで採用するにはさまざまな技術的課題が存在します。著者が実際の制作案件で磨いたプロのノウハウとテクニックを解説します。

[3-1] **リセットCSSの最適化** ……………… 110
[3-2] **Less Frameworkを利用したグリッドレイアウト** ……………… 122
[3-3] **レスポンシブイメージの実装** ……… 128
[3-4] **高解像度ディスプレイへの対応** …… 143
[3-5] **ナビゲーションパターンとレイアウト設計** ……………… 150
[3-6] **テーブルとビデオのレスポンシブ対応** ……………… 157

3-1 レスポンシブに適したCSSを用意しよう
リセットCSSの最適化

ブラウザーの初期設定CSSを書き換えるCSSを、一般的に「リセットCSS」と呼びます。第2章では、*（全称セレクター）を利用して、marginとpaddingの値を0にしましたが、この方法はブラウザーへの負担が重く、性能が低いスマートフォンではWebページの表示を遅くする原因になります。実務ではスマートフォンに最適化したリセットCSSを用意しましょう。

Normalize.cssを利用する

英国のWeb開発者であるニコラス・ギャラガー（Nicolas Gallagher）氏が作成した**「Normalize.css」**[*1]は、従来の「リセット」ではなく、「ノーマライズ」を提案しています。リセットCSSのようにすべての要素を一括してリセットするのではなく、ブラウザーの初期設定CSSの使えるところは残すことで、ブラウザーへの負担を抑えています。

`Normalize.css`には以下のような特徴があります。

1.ブラウザーの初期設定CSSを利用できるところは利用する
2.細かい要素までスタイルシートを最適化
3.一般的なブラウザーのバグを修正
4.ユーザビリティーをわずかに向上

たとえば、代表的なリセットCSSであるエリック・メイヤー氏の「`reset.css`」ではp要素へも`margin:0`が指定されていますが、p要素のmarginの左右はもともと指定されておらず、結果としてブラウザーは`margin:0`を2度かける処理をしています。このような無駄を省いて改善したのが、`Normalize.css`です。

[*1] http://github.com/necolas/normalize.css

図❶ Normalize.css

日本語環境へのカスタマイズ

　Normalize.cssの記述のポイントを検証しながら、日本語環境に合うように以下の3つの点についてカスタマイズします。

1. テキスト周りの設定を日本語環境に最適化
2. 垂直方向のmarginは下方向の指定に統一
3. レスポンシブWebデザインに必要な最低限の指定を追加

　以下に、カスタマイズしたnormalize.cssの一部を掲載します。変更箇所にはマーカーをして、コメント文で説明を加えています(実際にはコメントやスペースを削除して圧縮して利用しましょう)。

サンプル❶
chap03/01/01/
normalize.css

```
/*! normalize.css v2.0.1 | MIT License | git.io/normalize */

/* ==========================================================================
   HTML5 display definitions
   ========================================================================== */
```

```css
=====*/
/* Corrects `block` display not defined in IE 8/9. */
article,aside,details,figcaption,figure,footer,header,hgroup,nav,section,summary {display: block}

/* Corrects `inline-block` display not defined in IE 8/9. */
audio,canvas,video {display: inline-block}

/* Prevents modern browsers from displaying `audio` without controls.
 * Remove excess height in iOS 5 devices. */
audio:not([controls]) {display: none;height: 0}

/* Addresses styling for `hidden` attribute not present in IE 8/9. */
[hidden] {display: none}


/* ==========================================================================
   Base
   ========================================================================== */

/* 1. Sets default font family to sans-serif.
 * 2. Prevents iOS text size adjust after orientation change, without disabling user zoom. */

html {
    font-family: sans-serif; /* 1 */
/* 日本語の font-family への対応 */
    font-family: "Hiragino Kaku Gothic Pro","Yu Gothic","Meiryo",sans-serif;
    -webkit-text-size-adjust: 100%; /* 2 */
    -ms-text-size-adjust: 100%; /* 2 */}

/* Removes default margin. */
body {margin: 0}

h1,h2,h3,h4,h5,h6,p,ul,ol,dl,table,pre { margin-top: 0} /* 上方向の margin を 0 にします */


/*==========================================================================
```

```
    Links
==============================================================
==== */
/* Addresses `outline` inconsistency between Chrome and other
browsers. */
a:focus { outline: thin dotted}

/* Improves readability when focused and also mouse hovered
in all browsers. */
a:active, a:hover {outline: 0}

/*==========================================================
======
    Typography
==============================================================
====*/
html { font-size: 75%} /* レスポンシブ タイプセッティングへの対応
*/

/* Addresses `h1` font sizes within `section` and `article`
in Firefox 4+, Safari 5, and Chrome. */
h1 {font-size: 2em;}

/* 禁則処理の追加 */
p,li,dt,dd,th,td,pre{
-ms-line-break: strict;
line-break: strict;
-ms-word-break: break-strict;
word-break: break-strict}

/*Addresses styling not present in IE 8/9, Safari 5, and
Chrome.*/
abbr[title] {border-bottom: 1px dotted}

/* Addresses style set to `bolder` in Firefox 4+, Safari 5,
and Chrome.*/
b,strong {font-weight: bold}

/*Addresses styling not present in Safari 5 and Chrome.*/
dfn { font-style: italic}

/*Addresses styling not present in IE 8/9.*/
mark { background: #ff0;
```

```css
color: #000}

/* Corrects font family set oddly in Safari 5 and Chrome.*/
code, kbd, pre, samp {
font-family: monospace, serif;
font-size: 1em}

/*Improves readability of pre-formatted text in all browsers.*/
pre {
white-space: pre;
white-space: pre-wrap;
word-wrap: break-word}

/*Sets consistent quote types.*/
q {quotes: "\201C" "\201D" "\2018" "\2019";}

/*Addresses inconsistent and variable font size in all browsers.*/
small {font-size: 80%;}

/*Prevents `sub` and `sup` affecting `line-height` in all browsers.*/
sub, sup {
font-size: 75%;
line-height: 0;
position: relative;
vertical-align: baseline}

sup {top: -0.5em}
sub {bottom: -0.25em}

/*===============================================================
   Embedded content
===============================================================*/
/*Removes border when inside `a` element in IE 8/9.*/
img {
max-width :100%; /* フルードイメージへの対応 */
vertical-align: middle; /* 追加箇所 */
border: 0}
```

```css
/* IE8 max-width バグへの対応 */
/* .ie8 img{width: auto; height: auto} */

/* Corrects overflow displayed oddly in IE 9.*/
svg:not(:root) {overflow: hidden}


/*============================================================
======
    Figures
==============================================================
==== */
/*Addresses margin not present in IE 8/9 and Safari 5.*/
figure {margin: 0}


/* ============================================================
=======
    Forms
==============================================================
==== */

/*Define consistent border, margin, and padding.*/
fieldset {
border: 1px solid #c0c0c0;
margin: 0 2px;
padding: 0.35em 0.625em 0.75em}

/* 1. Corrects color not being inherited in IE 8/9.
 2. Remove padding so people aren't caught out if they zero out fieldsets. */
legend {
border: 0; /* 1 */
padding: 0; /* 2 */}

/* 1. Corrects font family not being inherited in all browsers.
 * 2. Corrects font size not being inherited in all browsers.
 * 3. Addresses margins set differently in Firefox 4+, Safari 5, and Chrome */
button, input, select, textarea {
font-family: inherit; /* 1 */
font-size: 100%; /* 2 */
margin: 0; /* 3 */}
```

```css
/*Addresses Firefox 4+ setting `line-height` on `input` using
`!important` in the UA stylesheet.*/
button,input {line-height: normal}

/* 1. Avoid the WebKit bug in Android 4.0.* where (2) destroys native `audio` and `video` controls.
 * 2. Corrects inability to style clickable `input` types in iOS.
 * 3. Improves usability and consistency of cursor style between image-type `input` and others. */
button,
html input[type="button"], /* 1 */
input[type="reset"],
input[type="submit"] {
-webkit-appearance: button; /* 2 */
cursor: pointer; /* 3 */}

/*Re-set default cursor for disabled elements. */
button[disabled],
input[disabled] {cursor: default}

/*
1. Addresses box sizing set to `content-box` in IE 8/9.
 2. Removes excess padding in IE 8/9.*/
input[type="checkbox"],
input[type="radio"] {
box-sizing: border-box; /* 1 */
padding: 0; /* 2 */}

/*
 * 1. Addresses `appearance` set to `searchfield` in Safari 5 and Chrome.
 * 2. Addresses `box-sizing` set to `border-box` in Safari 5 and Chrome
 *    (include `-moz` to future-proof).
 */
input[type="search"] {
-webkit-appearance: textfield; /* 1 */
-moz-box-sizing: content-box;
-webkit-box-sizing: content-box; /* 2 */
box-sizing: content-box}

/*
```

```css
 * Removes inner padding and search cancel button in Safari 5 and Chrome
 * on OS X.
 */
input[type="search"]::-webkit-search-cancel-button,
input[type="search"]::-webkit-search-decoration {
-webkit-appearance: none}

/* Removes inner padding and border in Firefox 4+. */
button::-moz-focus-inner,
input::-moz-focus-inner {
border: 0;
padding: 0}

/* 1. Removes default vertical scrollbar in IE 8/9.
 * 2. Improves readability and alignment in all browsers. */
textarea {
overflow: auto; /* 1 */
vertical-align: top; /* 2 */}

/* ================================================================
   Tables
================================================================ */
/*Remove most spacing between table cells.*/
table {
border-collapse: collapse;
border-spacing: 0}
```

カスタマイズのポイントを解説します。

1.テキスト周りの設定を日本語環境に最適化

フォントの設定では、日本語環境に合わせて、「ヒラギノ角ゴシック」「遊ゴシック」「メイリオ」の順番で指定します。

```
html {
    font-family: sans-serif; /* 1 */
/* 日本語の font-family への対応 */
    font-family: "Hiragino Kaku Gothic Pro","Yu Gothic","-Meiryo",sans-serif;
    -webkit-text-size-adjust: 100%; /* 2 */
    -ms-text-size-adjust: 100%; /* 2 */}
```

Windows Phone 7/8には、「メイリオ(Meiryo)」と「遊ゴシック(Yu Gothic)」が搭載されていますが、メイリオでは日本語の文字同士の間隔が詰まって表示されます（図❷）。そこで、font-familyで遊ゴシックが優先して適用されるように指定します（図❸）。

図❷
「Meiryo」では文字の間隔が詰まって表示される

図❸
「Yu Gothic」を指定した方は文字間隔が適切に表示される

3-1 | リセットCSSの最適化

また、日本語の文章を読みやすくするために、**禁則処理**を適用します。

```css
/* 禁則処理の追加 */
p,li,dt,dd,th,td,pre{
-ms-line-break: strict;
line-break: strict;
-ms-word-break: break-strict;
word-break: break-strict}
```

禁則処理とは、句読点や閉じ括弧を行頭に置いたり、開き括弧を行末に置いたりしないように、テキストの折り返し位置を調整することです。br要素などで調整する方法もありますが、改行位置が常に変動するレスポンシブWebデザインでは利用できません。

そこで、**line-breakプロパティ**[*3]を利用して禁則処理を適用します。line-breakプロパティはIEが独自に拡張したCSSプロパティですが、CSS3もしくはCSS4のtextモジュールへの組み込みが予定されています。

*3 参考URL
http://www.456bereastreet.com/archive/201204/automatic_line_breaks_in_narrow_columns_with_css_3_hyphens_and_word-wrap/

auto	ブラウザーの設定に任せる
loose	必要最低限の禁則処理。新聞のような短い文章などに適用
normal	標準的な禁則処理
strict	厳格な禁則処理

表❶ line-break プロパティ一覧

line-breakプロパティはIE5以降で実装されており、Windows Phone7/8でも利用できます。**図❹**、**図❺**はWindows Phone7/8における表示結果です。「多種類の用紙が登録可能です。目的によって使い分けできます。」の1文に注目すると、改行部分が微妙に違うことに気づくでしょう。「よって」の「っ」の位置が、禁則処理なしでは行頭にあるのに対して、禁則処理ありでは行頭から2文字目に移動しています。

禁則処理なしの場合。促音である「っ」が行頭にある

禁則処理あり。促音である「っ」が2番目に移動している

2.垂直方向のmarginは下方向の指定に統一

垂直方向のマージンは、**marginの相殺**[*4]によって計算が複雑にならないように、`margin-bottom`で統一します。そこで、`margin-top`の値を0に設定します。

[*4]
📖 49ページ

```
h1,h2,h3,h4,h5,h6,p,ul,ol,dl,table,pre { margin-top: 0 } /* 上方向の margin を 0 にします */
```

3.レスポンシブWebデザインに必要な最低限の指定を追加

レスポンシブWebデザインへの対応として、最低限必要な記述を追加しています。タイポグラフィでは、レスポンシブタイプセッティングに対応するため、`html`要素のフォントサイズを%で指定しています。

```
html { font-size: 75% } /* レスポンシブ タイプセッティングへの対応 */
```

img要素はフルードイメージに対応するため、max-widthを設定し、ディセンダーを取り除きます。

```
/*Removes border when inside `a` element in IE 8/9.*/
img {
max-width :100%; /* フルードイメージへの対応 */
vertical-align: middle; /* 追加箇所 */
border: 0}
```

　なお、IE8では、max-widthプロパティのバグが発生することがあります。画像が正しく表示されない場合は、以下のCSSのコメントアウトを外して、html要素のclass属性に「.ie8」を付与して適用してください。

```
/* IE8 max-width バグへの対応 */
/* .ie8 img{width: auto; height: auto} */
```

Normalize.cssのまとめ

　Normalize.cssは非常にシンプルなリセットCSSです。そのため、案件によって自分が使いやすいようにカスタマイズして使いましょう。また、Normalize.cssは現在もgithub[*5]でアップデートされています（図❻）。常に最新バージョンをダウンロードして使うとよいでしょう。

[*5] https://github.com/necolas/normalize.css/

図❻
githubから最新版はダウンロードできる

3-2 マルチスクリーンのグリッドを手軽に組む
Less Frameworkを利用したグリッドレイアウト

レスポンシブWebデザインの基本の1つは、「フルードグリッド」です。基礎編のサンプルサイトでは、1024px以上の画面に対してのみ、960 pxのグリッドを用意してデザインしましたが、本来はそのほかのスクリーンサイズに対してもグリッドに沿ってデザインする必要があります。[3-2]では、レスポンシブWebデザインに対応したグリッドレイアウトフレームワークである「Less Framework」を紹介します。

Less Frameworkの仕組み

*1
http://lessframework.com/

*2
http://960.gs/

「**Less Framework**」[*1]は、レスポンシブWebデザインに対応したグリッドレイアウトフレームワークです(図❶)。同様のフレームワークでは「**960 Grid System**」[*2]がもっとも古くポピュラーですが、960pxというデスクトップの画面サイズをもとに設計されているためにスマートフォンでは利用しづらいのに対して、Less Frameworkはスマートフォン、タブレット、デスクトップといったマルチスクリーン向けのグリッドが用意されています。

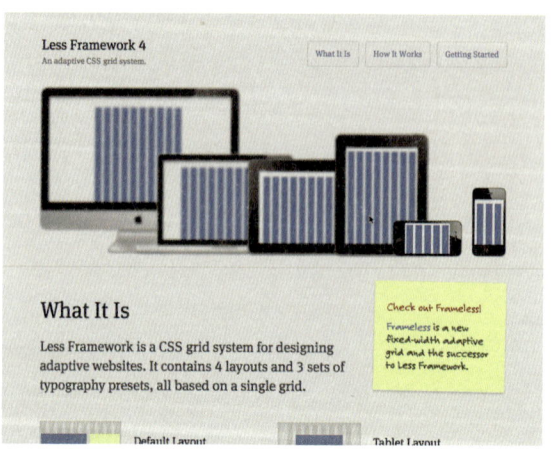

図❶
Less Framework

Less Frameworkは1カラム68px＋ガーター24pxで設計されており、4つのブレイクポイントがあらかじめ定義されています。スクリーンサイズが大きくなれば、単純にグリッドの本数が増えていく仕組みです（表❶）。

スクリーンサイズ	ブレイクポイント	カラム数
スマートフォン	320px	3
スマートフォン	480px	5
タブレット	768px	8
デスクトップPC	992px	10

表❶ Less Frameworkで定義されているブレイクポイントとカラム

スマートフォンやタブレットのような小さな画面では、実際には1カラムのレイアウトが主流ですが、Less Frameworkでは複数のカラムが準備されており、柔軟なレイアウトができます。また、グリッドの幅が常に一定なので計算がしやすく、使いやすいフレームワークになっています。

Less Frameworkの使い方

Less Frameworkの使い方を簡単に紹介します。Less Frameworkのソースコードは、Webサイトの下部にある「Getting Started」から入手できます（図❷）。HTMLとCSSをエディターなどにそれぞれコピーして、ファイルとして保存します。

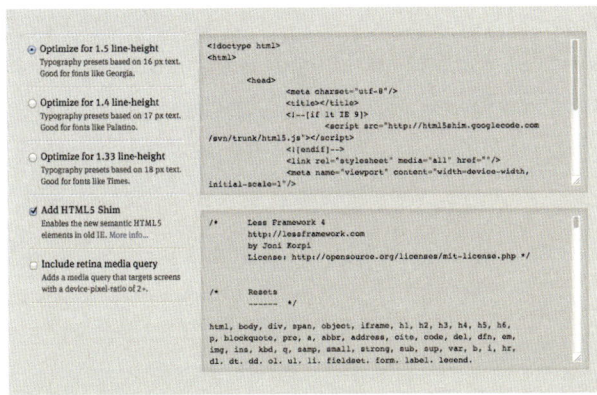

図❷ テキストエリア内のソースコードをそれぞれコピーする

HTMLのhead要素にはCSSを読み込むためのlink要素がありますので、コピーして保存したCSSファイルのパスをhref属性に指定します。

```
<link rel="stylesheet" media="all" href="css/lessfreamwork_
custum.css">
```

作業用グリッド画像の用意

次に、レイアウト作業用に背景に敷くグリッド画像を用意します。Less Frameworkにはグリッド画像が用意されていないので、「**Griddle.it**」[*3]というWebサービスを利用します。griddle.itは、以下のようなURL形式でグリッド画像を動的に生成してくれるサービスです。

http://griddle.it/[グリッドの全体幅]-[カラム数]-[ガーターの横幅]

スマートフォン向けの幅320pxのグリッド画像がほしい場合は、以下のように指定します（図❸）。

http://griddle.it/252-3-24

[*3]
http://griddle.it/

📖 168ページ

図❸
320px用のグリッド画像が表示される

Less FrameworkのCSSでは、320px用のbody要素のwidthを以下のように「252px」と指定し、左右のpadding値（34×2＝68px）と合わせて320pxになっています。そこで、griddleでも全体の幅を「320」ではなく「252」と指定します。

```
/*      Mobile Layout: 320px.
        Gutters: 24px.
        Outer margins: 34px.
        Inherits styles from: Default Layout.
--------------------------------------------
cols    1       2       3
px      68      160     252     */
```

```css
@media only screen and (max-width: 767px) {
    body {
        width: 252px;
        padding: 48px 34px 60px;
    }
}
```

　同様に、480px／768px／992pxのグリッド画像のURLを用意し、メディアクエリー内のbackgroundプロパティで読み込めばグリッド画像を表示できます。

　以下に、320px／480px／768px／992pxのグリッド画像を表示するCSSを掲載します。CSSファイルの最後にまとめて記述しておき、レイアウト作業中はこのグリッドに合わせて要素を配置し、作業が終わったらコメントアウトもしくは削除しましょう。

サンプル❶
chap03/02/01/
lessframework.css

```css
/* @group develop code */

body{ background: url(http://griddle.it/252-3-24) repeat-y top center}

@media only screen and (min-width: 480px){
body { background: url(http://griddle.it/436-5-22) repeat-y top center}
}

@media only screen and (min-width: 768px){
body { background: url(http://griddle.it/712-8-28) repeat-y top center}
}

@media only screen and (min-width: 992px){
body { background: url(http://griddle.it/896-10-28) repeat-y top center}
}

@media only screen and (min-width: 1176px){
body { background: url(http://griddle.it/1080-12-24) repeat-y top center}
}

/* @end develop code */
```

このCSSを読み込んだ状態でLess FrameworkのHTMLをブラウザーで開き、ブラウザーの横幅を変更すると、図❹〜❼のように表示されます。

図❹
320pxのグリッド

図❺
480pxのグリッド

図❻
768pxのグリッド

図❼
992pxのグリッド

これで準備ができました。あとは、HTMLにコンテンツを記述し、基礎編で学んだように、小さなスクリーンから大きなスクリーンへ順番にCSSを書きながら、レイアウトを作り込んでいきます。

フルードグリッドへのカスタマイズ

Less Frameworkは、4つのスクリーンサイズのグリッドがpx単位で定義されています。px単位ですので、各ブレイクポイント間のスクリーンサイズでは横幅が固定となり、レイアウトに柔軟性がありません（図❽）。

図⑧
Less Frameworkで作成したレイアウトの例。pxベースなのでブレイクポイント間では横幅が変わらない

そこで、各スクリーンサイズ合わせてpx単位でレイアウトを作成したら、最後にpxで記述した値を%に変換します（**図⑨**）。これで**フルードグリッド**[*4]によるレスポンシブWebデザインができます。実際にフルードグリッドに変換した**サンプル❷**も用意しましたので、確認してみてください。

*4
フルードグリッドへの変換
📖 75ページ

サンプル❷
chap03/02/01/index.html

図⑨
%に変換することでフルードグリッドになり、レイアウトが滑らかに切り替わるようになる

3-3 スクリーンサイズに適した画像を切り替える
レスポンシブイメージの実装

第2章で作成したサンプルサイトでは、スクリーンサイズに関わらず、1つの大きな画像をフルードイメージで表示しました。しかし、PC向けの大きな画像をスマートフォンで読み込むのは無駄ですし、表示が遅くなります。パフォーマンスを考慮すると、スクリーンサイズに応じて適切なサイズの画像に読み込む必要があります。スクリーンサイズによって画像を切り替えるテクニックを「レスポンシブイメージ」と呼び、2つの方法を紹介します。

メディアクエリーとbackgroundによる切り替え

最初に、メディアクエリーとbackgroundプロパティを使ったテクニックを、筆者が手がけた企業サイト「**東海ソフト**」[*1]を例に解説します。東海ソフトのWebサイトは、レスポンシブWebデザインを採用しており、図❶のようにスクリーンサイズによってキービジュアル画像が変わります。

*1
http://www.tokai-soft.co.jp/mobile/

図❶
東海ソフトのWebサイト。左から、320px／480px／768px／992pxで表示したところ。キービジュアルが変わっている

キービジュアルは、ベースとなるスマートフォン向けの**320px**用の画像と、メディアクエリーで設定している**480px／768px／992px**の3つのブレイクポイントごとの画像の、4種類の画像を用意して切り替えています。具体的な実装方法を紹介します。

メディアクエリーの記述

東海ソフトのWebサイトでは、モバイルファーストの考え方に沿って、小さなスクリーンから大きなスクリーンへと順番にCSSを記述しています。

・幅320px～479pxの場合

スクリーンサイズが幅320～479pxの場合は、メディアクエリーを利用せず、HTMLにimg要素で幅320px用のキービジュアル画像（**図❷**）を配置しています。

```html
<div class="key-visual">
<img src="img/slide_w320.jpg" alt="">
</div>
```

サンプル❶
chap03/03/01/index.html

図❷
320px用の画像（320×215px）

img要素で配置した画像はフルードイメージによってスクリーンサイズに連動して伸縮します。

・幅480px以上の場合

幅480px以上の場合は、メディアクエリー内にbackgroundプロパティを記述し、背景画像として幅480px用のキービジュアル（**図❸**）を配置します。

サンプル❶
chap03/03/01/css/base.css

```css
@media only screen and (min-width: 480px){
(中略)
.key-visual{
top: 6.7em;
height: 252px;
background: url(../img/slide_w480.jpg) top center no-repeat;
}

.key-visual img{ visibility: hidden}
(中略)
}
```

図❸
480px用の画像（480×247px）

　同時に、320pxのときにキービジュアルを表示していたimg要素は「visibility:hidden」で非表示にします。

・幅768px以上の場合
　768pxのメディアクエリーでは横長の画像（図❹）を表示するため、backgroundプロパティを指定し、要素の高さを画像に合わせて変更します。

サンプル❶
chap03/03/01/css/base.css

```css
@media only screen and (min-width: 768px){
(中略)
.pageheader .key-visual{
position:static;/* 絶対配置を解除 */
height: 216px;
margin:0 0 3em;
background: url(../img/slide_w768.jpg) top center no-repeat}
(中略)
}
```

図❹
768px用の画像（768×216px）

・1024px以上

1024pxではさらに大きな画像（図❺）を配置し、高さを画像に合わせて調整しています。

```css
.pageheader .key-visual{
height: 288px;
background: url(../img/slide_w992.jpg) top center no-repeat}
```

サンプル❶
chap03/03/01/css/base.css

図❺
1024px用の画像（1024×288px）

　以上で、スクリーンサイズに適した画像を切り替えて表示できるようになりました。

background-sizeプロパティによるサイズの調整

　背景画像を変更しただけでは、スクリーンサイズによっては画像が幅いっぱいにフィットせず、左右に余白が出てしまう場合があります。たとえば、

480px～767pxのスクリーンでは480pxの背景画像を指定しているので、720pxのスクリーンで表示すると図❻のように大きな余白があります。

図❻ 720pxのスクリーンで表示すると480pxの背景画像の左右に余白が出てしまう

画像の左右にある余白は、background-sizeプロパティを使って背景画像を伸縮させて調整できます。background-sizeはCSS3のプロパティで、表❶の値で背景画像のサイズを指定します。

値	意味
cover	縦横比を保持して要素を覆う最小のサイズに画像を配置
contain	縦横比を保持して要素に収まる最小サイズで画像を配置
数値	px単位での指定（例：background-size:100px 100px）
auto	自動的に算出される（初期値）

表❶ background-size プロパティの値

サンプル❷は、480pxのメディアクエリー内の「.key-visual」に、background-size:containを追加したものです。720pxのスクリーンで表示すると、「.key-visual」の高さである252pxにフィットして表示されます（図❼）。

サンプル❷
chap03/03/02/css/base.css

```css
.key-visual{
top: 6.7em;
height: 252px;
background: url(../img/slide_w480.jpg) top center no-repeat;
-webkit-background-size: contain;
background-size: contain}
```

図❼
containの例。縦横比を維持したまま要素内に収まるので、高さにフィットして表示される

　サンプル❸は、同じ条件でbackground-size:coverを追加したものです。.key-visualの幅は画面幅に一致しますので、画像は画面幅いっぱいにフィットして表示されます（図❽）

サンプル❸
chap03/03/03/css/base.css

```css
.key-visual{
top: 6.7em;
height: 252px;
background: url(../img/slide_w480.jpg) top center no-repeat;
-webkit-background-size: cover;
background-size: cover}
```

図❽
coverの例。縦横比を維持して要素を覆うので、幅いっぱいに拡大して表示される

Response.jsによるimg要素の置換

レスポンシブイメージを実装するもう1つの方法として、JavaScriptライブラリー「Response.js」を使った方法を紹介します。似たようなライブラリーもありますが、Response.jsには次のような特徴があります。

・zepto.jsへの対応

Response.jsはjQueryを利用して動作するライブラリーですが、jQueryの互換ライブラリーである「zepto.js」[*1]も利用できます。zepto.jsは、jQueryからIE6〜7などの古いブラウザー向けの記述を取り除いたもので、コア部分はjQueryとほぼ同じです。jQueryが圧縮時32KBであるのに対して、zepto.jsは圧縮時8.4KBと軽く、IE6〜7への対応が必須でなければzepto.jsを利用するとよいでしょう。

[*1] http://zeptojs.com/

・フロントエンドの技術で手軽に利用可能

レスポンシブイメージを実現するライブラリーには、「.htaccess」ファイルを変更したり、JavaScriptの記述を大幅に書き換えたりしなければならないものもあります。Response.jsはサーバーサイドの知識がなくても利用でき、HTMLの記述だけで導入できるので手軽です。

・大きい画面サイズへ対応

Response.jsは、ブレイクポイントを簡単に追加できます。スクリーンサイズが増えたり、現時点では存在しない巨大なスクリーンが将来登場したりしても、柔軟に対応できます。

Response.jsの導入方法

実際にResponse.js を利用してみましょう。最初に、**Response.jsのWebサイト**[*2]から、ライブラリー本体をダウンロードします。ライブラリーはトップページの右上にある「download」からダウンロードできます。

[*2] http://responsejs.com/

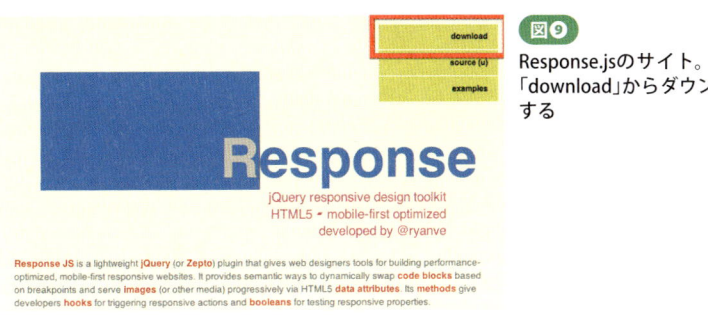

図❾
Response.jsのサイト。右上の「download」からダウンロードする

次に、`zepto.js`をダウンロードします。`zepto.js`の最新版は**github**[*3]からダウンロードしましょう。

　body要素の終了タグの直前にscript要素を設置し、`zepto.js`、`Response.js`の順に読み込みます。

*3
https://github.com/madrobby/zepto

```html
<!-- Scripts -->
<script src="js/zepto.min.js"></script>
<script src="js/response.min.js"></script>

</body>
</html>
```

　ファイル名に付いている「`min`」は「`minified`」のことで、ソースコードからスペースや改行などを取り除いてファイルサイズを圧縮したものです。`zepto.js`、`Response.js`ともに`minified`版を利用します。

> **ワンポイント　script要素はbody要素の最後に**
> script要素はhead要素内に記述しても動作しますが、パフォーマンスを考えるとbody要素の終了タグの前に設置したほうがよいでしょう。ブラウザーはHTMLを先頭から読み込んで解釈するので、読み込みに時間がかかるscript要素を後に回すことでパフォーマンスを向上できます。

　ライブラリーを設置したら、`Response.js`のブレイクポイントを設定します。`Response.js`の設定は、body要素の開始タグに**カスタムデータ属性**[*4]として以下のように記述します。設定できるプロパティと値は**表❷**のとおりです。

*4
data-○○形式で独自の属性を定義できるHTML5の機能

サンプル❹
chap03/03/04/index.html

```html
<body data-responsejs='
    "create": [{
      "prop": "width",
      "prefix": "src",
      "lazy": true,
      "breakpoints":[300,600,900]
    }]
}'>
```

プロパティ	値	意味
prop	width height device-width device-height device-pixel-ratio	変更したい属性値の属性名を指定する
prefix	任意の文字列	URLを指定するカスタムデータ属性の接頭辞。「src」と指定すると「data-src」となる
breakpoints	数値(px単位)	ブレイクポイントの値をカンマ区切りで指定する。単位はピクセルのみ
lazy	true false	表示されていない画像の読み込みを遅延し、非同期で読み込むことでユーザーのストレスを軽減できる。「true」で非同期、「false」で同期読み込み

表❷ data-responsejsのプロパティオプション

　以上で`Response.js`を利用する準備が整いました。

ブレイクポイントで画像を切り替える

　簡単なサンプルで実際に画像を切り替えてみましょう。切り替える画像は、以下のように`img`要素にカスタムデータ属性で指定します。

サンプル❹
chap03/03/04/index.html

```html
<div>
<img src="assets/original.jpg" alt=""
data-src300="assets/300.jpg"
data-src600="assets/600.jpg"
data-src900="assets/900.jpg">
</div>
```

カスタムデータ属性の名前は、body要素のprefixで指定した接頭辞とブレイクポイントの数値の組み合わせです。サンプル❹では、「data-src300」に300pxの画像のURLを、「data-src600」に600pxの画像のURLを、といった具合に指定します。
　サンプル❹を実行してブラウザーの幅を変更すると、ブレイクポイントで指定した300px／600px／900pxで画像が切り替わります（図❿〜⓬）。

図❿
幅300pxのときの画像

図⓫
幅600pxのときの画像

図⓬
幅900pxのときの画像

解像度による画像の切り替え

　Response.jsは、ディスプレイの解像度によっても画像を切り替えられます。iPhone 4以降のRetinaディスプレイに代表される高解像度ディスプレイでは、**デバイスピクセル比（device-pixel-ratio）**[*5]が1.5〜2倍に設定されており、画像を引き延ばして表示しています。device-pixel-ratioの値によって画像を切り替えることで、くっきりとした画像を表示できます。

　サンプル❺では、device-pixel-ratioが「1.5」のときに1.5倍の画像に、「2」のときに2倍の画像に切り替えます（図⓭〜⓮）。

[*5] 高解像度端末への対応
📖 143ページ

サンプル❺
chap03/03/05/index.html

```html
<body data-responsejs='
    "create": [{
        "prop": "device-pixel-ratio",
        "prefix": "density",
    }]
}'>

<div><img src="assets/original.jpg" alt=""
data-density1.5="assets/1.5x.jpg"
data-density2="assets/2x.jpg">
</div>
```

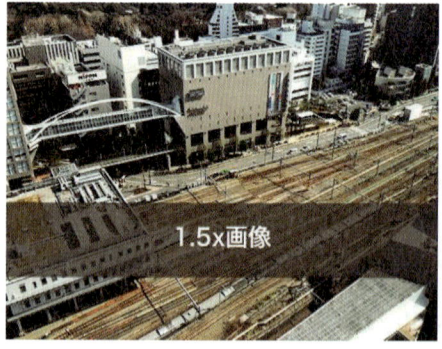

図⓭
1.5倍の画像

図⓮
2倍の画像

商用サイトにおける実践例

　Response.jsのより実践的な使い方として、前に紹介した東海ソフトのサイトをResponse.jsで実装し直してみましょう。今回はキービジュアルに加えて、ロゴ画像もスクリーンサイズによって切り替えます。

　body要素には以下のように指定します。ブレイクポイントは、0／480／768／992の4つです。

HTML　サンプル❻　chap03/03/06/index.html

```
<body data-responsejs='
    "create": [{
        "prop": "width",
        "prefix": "min-width- r src",
        "lazy": true,
        "breakpoints":[0,480,768,992]
    }]
}'>
```

・ロゴ画像の切り替え

　最初にロゴ画像から指定します。ロゴは、スマートフォンを想定した320pxの画像と、タブレットやPCを想定した768pxの画像の2つを切り替えます（図⓯、図⓰）。

図⓯ 320pxの画像（logo_320.gif）

図⓰ 768pxの画像（logo_768.gif）

　ロゴのHTMLは以下のように記述します。

HTML　サンプル❻　chap03/03/06/index.html

```
<h1>
<a href="index.html"><img src="img/logo_768.gif" alt="モ
バイル ソリューション" data-src0="img/logo_320.gif" data-
src768="img/logo_768.gif">
</a>
</h1>
```

img要素の「src="img/logo_768.gif"」は、JavaScriptがオフの環境や、メディアクエリーに対応していないIE8以下で画像を表示するためのフォールバックです。IE8以下を搭載したスマートフォンやタブレットは存在しませんので、PCを想定して768pxの画像を表示します。

「data-src0="img/logo_320.gif"」では、320px用の画像を指定しています。320px以下のスクリーンを持つデバイスでも表示できるように、ブレイクポイントを「0」として指定しています。続く「data-src768="img/logo_768.gif"」では、ブレイクポイント768px用の画像を指定しています。

・キービジュアルの切り替え

　キービジュアルは、320px／480px／768px／992pxの4つのブレイクポイントを設定し、それぞれのサイズに合った画像を読み込みます（図⓱〜⓴）。

図⓱ 320px用の画像(slide_w320.jpg)

図⓲ 480px用の画像(slide_w480.jpg)

図⓳ 768px用の画像(slide_w768.jpg)

図⓴ 992px用の画像(slide_w992.jpg)

キービジュアルのHTMLは以下のようになります。

```html
<div class="slide">
<img src="img/slide_w992.jpg"
data-src0="img/slide_w320.jpg"
data-src480="img/slide_w480.jpg"
data-src768="img/slide_w768.jpg"
data-src992="img/slide_w992.jpg" alt="">
</div>
```

サンプル❻
chap03/03/06/index.html

body要素の最後で、zepto.jsとresponse.jsを読み込みます。zepto.jsはIE9に対応していないため、条件付きコメントを使って、IE9の場合はzepto.jsの代わりにjQueryを読み込むようにします。

```html
<!--[if gt IE 8]><!-->
<script>
document.write( '<script src=js/' +
( '__proto__' in {} ? 'zepto' : 'jquery-1.8.2' ) +
'.min.js><\/script>' )
</script>
<script src="js/response.min.js"></script>
<![endif]-->
```

サンプル❻
chap03/03/06/index.html

以上でロゴ画像とキービジュアル画像をResponse.jsで切り替えるサンプルができました。**サンプル❻**をブラウザーで開くと、**図㉑**のように表示されます。ブラウザーの幅（スクリーンサイズ）によって、ロゴとキービジュアルが切り替わるのが確認できます。

▼幅320px　　▼幅480px　　▼幅768px

▼幅992px

図㉑
サンプル6の実行画面。ロゴ画像は320pxと768pxで、キービジュアルは320px、480px、768px、992pxのブレイクポイントで切り替わる

> **ワンポイント** Response.jsの弱点
>
> Response.jsは、ブレイクポイントをpx単位でしか指定できない弱点があります。emなどの単位を指定して切り替えられません。emを利用した場合の画像の切り替えは178ページで解説します。

3-4 最新デバイスで美しく見せるテクニック
高解像度ディスプレイへの対応

　高解像度ディスプレイを搭載するスマートフォンが続々と登場しています。高解像度ディスプレイとは、一般的に160ppi以上の解像度を持つディスプレイを指し、アップルのiPhone 4以降が採用しているRetinaディスプレイ（326ppi）が代表的です。最近では、台湾HTCの「HTC J butterfly」のように440ppiもの超高解像度ディスプレイを搭載したスマートフォンも登場しており、高解像度化の流れは止まりません。

高解像度ディスプレイで「ぼける」理由

　解像度を表す単位として使われるppiは、「pixel per inch」の略で、1インチにピクセルがいくつ並んでいるかを表しています。解像度が高くなるほど、1インチあたりのピクセルの密度が上がり、1ピクセルの大きさは小さくなります（図❶）。

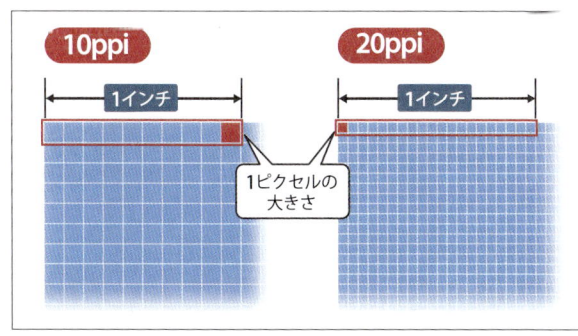

図❶
ppiはピクセルの密度を表す

　たとえば、iPhone 3GSとiPhone 4は同じ3.5インチサイズのディスプレイを搭載していますが、iPhone 3GSの320×480pxに対して、iPhone 4は640×960pxもあり、ピクセル密度はそれぞれ163ppiと326ppiになります。

単純に考えれば、320×480pxの画像をiPhone 4で表示すると、4分の1のサイズで表示されるはずですが、実際にはiPhone 4でも画面いっぱいに表示されます（図❷）。

図❷
幅320pxのロゴ画像を表示すると、画面いっぱいに表示される

　Webブラウザーには物理的なピクセル数とは別に、「**CSSピクセル**」という内部的な解像度があり、iPhone 3GSとiPhone 4はどちらも320×480に設定されているためです。

　CSSピクセルによって、iPhone 4のような高解像度端末でも非高解像度端末との違いを意識することなくWebサイトを制作できる反面、もともとは小さな画像を引き延ばして表示することになるので、画像がぼけて表示されるわけです。

高解像度ディスプレイに対応する方法

　画像がぼけなくするには、デバイスの物理ピクセルに対応した高解像度画像を用意する必要があります。もちろん、すべての画像を高解像度にすれば美しい質感を表現できますが、Webページの表示が遅くなります。

　そのため、レスポンシブWebデザインでは、ビットマップ画像をなるべく利用しないのがベストです。ロゴは解像度に依存しないSVGなどのベクター形式の画像を利用し（図❸）、見出しはテキストで記述してCSS3で装飾しましょう。

図❸
SVG形式は解像度に依存しないためあらゆるデバイスできれいに表示される

とはいえ、商品写真やキービジュアルのように、どうしてもビットマップ画像を利用しなければならない場合は、次のような方法で対処します。

1.device-pixel-ratioによる背景画像の切り替え
2.image-setによる背景画像の切り替え
3.img要素の読み込み画像をJavaScriptで制御

このうち、3.については138ページですでに「Response.js」を紹介しましたので、ここでは、1.と2.の方法を紹介します。

1.device-pixel-ratioによる背景画像の切り替え

`device-pixel-ratio`とはデバイスピクセル比を表すプロパティで、1つのCSSピクセルをいくつの物理ピクセルで表示するかを数値で表します。たとえば、CSSピクセルと物理ピクセルが一致しているiPhone 3GSでは「1」に、CSSピクセルを縦横2倍の物理ピクセルで拡大しているiPhone 4では「2」になります。

`device pixel-ratio`をメディアクエリーの条件に記述することで、解像度ごとに異なるスタイルを適用できます。

```
@media only screen and (-webkit-min-device-pixel-ratio: 1.5),only screen and (min-resolution: 1.5dppx){
  background-image:url("retina-image.png");
}
```

device-pixel-ratioはWebKitの独自実装ですので、W3Cが定義している「**min-resolution**」[*1]による指定も合わせて記述しています。min-resolutionは単位がdppx (dot per px)になっていますが、値はdevice-pixel-ratioと同じで、CSSピクセルと物理ピクセルの比率を表します。min-resolutionは2013年6月現在、SafariとChromeがサポートしていないため、上記のような記述になります。

この方法は一見手軽に見えますが、実際には上記の記述をブレイクポイントごとのメディアクエリーに記述しなければならず、ソースコードが肥大化し、管理も煩雑になります。

2. image-setによる背景画像の切り替え

もう1つ、「image-set」を使う方法も紹介します。image-setはbackground-imageプロパティの値に指定できる関数で、iOS 6のSafariとChrome 20で**試験的に実装**[*2]されています。

image-setは、デバイスピクセル比ごとの画像を以下のようにURLに指定できます。

```
background-image: -webkit-image-set(url(assets/test.png) 1x,url(assets/test-hires.png) 2x);
```

1xは等倍の、2xは2倍のピクセル密度を表しています。

簡単なサンプルで実際の使い方を確認しましょう。図❹～❻の３つの画像を用意し、image-setによって画像を切り替えるサンプルです（**サンプル❶**）。

[*1] How to unprefix -webkit-device-pixel-ratio
http://www.w3.org/blog/CSS/2012/06/14/unprefix-webkit-device-pixel-ratio/

[*2] Safari 6 and Chrome 21 add image-set to support retina images
http://blog.cloudfour.com/safari-6-and-chrome-21-add-image-set-to-support-retina-images/

図❹
no-image-set.png：image-setの指定が無い場合に表示

図❺
test.png：普通の解像度（デバイスピクセル比が等倍）の場合に表示

図❻
test-hires.png：高解像度（デバイスピクセル比が2倍）の場合に表示

サンプル❶のHTMLとCSSは以下になります。比較対象とするために、
「no-image-set.png」の画像を上に表示し、その下に解像度によって出し
分ける画像を配置します。

サンプル❶
chap03/04/01/index.html

```html
<!DOCTYPE HTML><html lang="ja">
<head>
<meta charset="utf-8">
<title>image set テスト</title>
<meta name="HandheldFriendly" content="True">
<meta name="MobileOptimized" content="320">
<meta name="viewport" content="width=device-width">
</head>
<body>
<p>image-set なし</p>
<div id="test1"></div>

<p>image-set あり</p>
<div id="test2"></div>

</body>
</html>
```

サンプル❶
chap03/04/01/index.html

```css
#test1{
  margin:0 auto 20px;
  background-image: url(assets/no-image-set.png)}
#test2{
  margin:0 auto;
  background-image: url(assets/no-image-set.png);
  background-image: -webkit-image-set(url(assets/test.png) 1x,url(assets/test-hires.png) 2x);
  background-image: -moz-image-set(url(assets/test.png) 1x,url(assets/test-hires.png) 2x);
  background-image: -o-image-set(url(assets/test.png) 1x,url(assets/test-hires.png) 2x);
  background-image: -ms-image-set(url(assets/test.png) 1x,url(assets/test-hires.png) 2x)}
```

図❼は、iPhone 3GSでの表示結果です。image-setをサポートしており、かつ非高解像度ディスプレイの場合は「test.png」が表示されます。

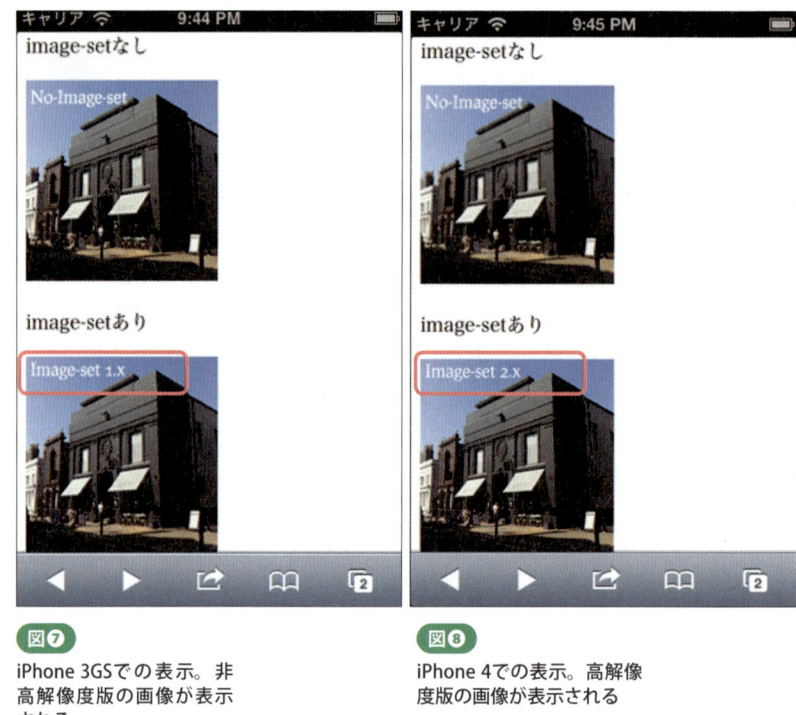

図❼
iPhone 3GSでの表示。非高解像度版の画像が表示される

図❽
iPhone 4での表示。高解像度版の画像が表示される

　一方、image-setがサポートされており、かつ高解像度ディスプレイの場合は「test-hires.png」が表示されます（図❽）。

　なお、image-setは現在のところ試験的な実装ですので、将来的に仕様が変わる可能性があります。継続的にメンテナンスできるサイトで利用しましょう。

Follow up ❼

srcset属性によるレスポンシブイメージの標準化

[3-3]では、CSSとJavaScriptを使って画像を変更するレスポンシブ イメージのテクニックを紹介しましたが、HTMLの仕様としてW3CやWHATWG（Web Hypertext Application Technology Working Group）で検討されているのが、「srcset」という新しい属性です。2013年6月現在、エディターズドラフトとして仕様が公開されています。

http://www.w3.org/html/wg/drafts/srcset/w3c-srcset/

srcsetはスクリーンサイズや解像度ごとに読み込む画像ファイル名を指定する属性で、以下のようにimg要素に記述します。

```
<img alt="banner"src="banner.jpeg" srcset="banner-HD.jpeg 2x, banner-phone.jpeg 100w, banner-phone-HD.jpeg 100w 2x">
```

ファイル名の後にある「100w」は最大100ピクセルの意味、「2x」はデバイスピクセル比が2倍を表します。前の例では、以下のような意味になります。

・banner-HD.jpeg 2x：デバイスピクセル比が2倍のときに「banner-HD.jpeg」を読み込む

・banner-phone.jpeg 100w：デバイスの最大幅が100ピクセル以下のときは「banner-phone.jpeg」を読み込む

・banner-phone-HD.jpeg 100w 2x：デバイスの最大幅が100ピクセル以下で、かつデバイスピクセル比が2倍のときは「banner-phone-HD.jpeg」を読み込む

2013年6月現在、srcset属性を実装しているブラウザーは存在しませんが、近い将来ブラウザーに実装されれば、スクリーンサイズや解像度ごとに画像を簡単に切り替えられるようになるでしょう。

今後、レスポンシブWebデザインの課題である画像の問題は一気に解決されると期待されます。

3-5 デバイスに合った「見せ方」を学ぶ
ナビゲーションパターンとレイアウト設計

あらゆるデバイスに対応するレスポンシブWebデザインでは、実装だけでなく画面設計も難しく、複雑になりがちです。[3-5]では、レスポンシブWebデザインのレイアウト設計に欠かせない「Content First, Navigation Second（コンテンツファースト、ナビゲーションセカンド）」の考え方をベースに、レスポンシブWebデザインの基本的なレイアウトパターンについて学びます。

コンテンツファースト、ナビゲーションセカンド

「モバイルファースト」[*1]のコンセプトを提唱したルーク・ウロブルスキ氏は、A List Apartの「Organizing Mobile」[*2]という記事で、ナビゲーションがファーストビューを占有する状況を「Navigation First, Content Second」（ナビゲーションファースト、コンテンツセカンド）と呼び、問題提起しています。

あらゆるデバイスに対応するレスポンシブWebデザインによるサイト制作では、ともすればページ上部にナビゲーションが集まりがちです。特にスマートフォンのような小さな画面では、よほど意識しないと「ナビゲーションファースト」になりやすい傾向にあります。

[*1] 21ページ

[*2] http://www.alistapart.com/articles/organizing-mobile/

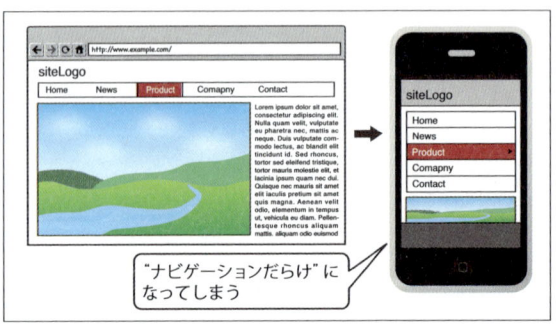

図❶ ナビゲーションファーストの問題

"ナビゲーションだらけ"になってしまう

「Webサイトを訪れるユーザーがまず見たいのは、ナビゲーションではなくコンテンツであり、ユーザーが目的とするコンテンツをできるだけ早く提供することが大切だ」というのが氏の主張です。

レイアウト設計にあたっては、「**Content First, Navigation Second**」（コンテンツファースト、ナビゲーションセカンド）の考え方で、ユーザーがもっとも必要としているコンテンツをファーストビューで提供するようにしましょう。

基本となるレイアウトパターンを学ぶ

ウロブルスキ氏は、「**Multi-Device Layout Patterns**」[*3]という自身のブログ記事の中で、レスポンシブWebデザインにおけるレイアウトパターンを5つに整理して紹介しています。

[*3] http://www.lukew.com/ff/entry.asp?1514

1.Mostly Fluid（フルード型）
2.Column Drop（カラム落ち型）
3.Layout shifter（レイアウト変更型）
4.Tiny Tweeks（微調整型）
5.Off Canvas（オフキャンバス型）

以降では、ウロブルスキ氏による5つのレイアウトパターンについて、1つずつ見ていきましょう。本書では、すべてのパターンについて、**HTML**と**CSS**で再現したサンプルファイルを用意しましたので、実際にダウンロードしてブラウザーで確認しながら、コンテンツに合ったパターンを検討してください。

1.Mostly Fluid（フルード型）

もっともポピュラーなレイアウトのパターンです。デスクトップでは左右にマージンを配置したレイアウト、あとは単純にスクリーンの幅が小さければフルードグリッド／フルードイメージを利用して拡大・縮小します。

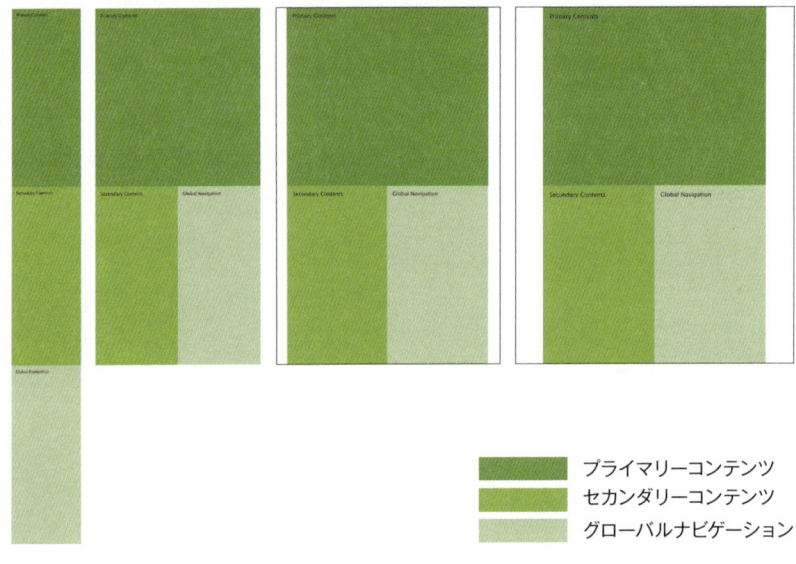

図❷
フルード型のレイアウト

サンプル❶

chap03/05/01/index.html

■ プライマリーコンテンツ
■ セカンダリーコンテンツ
■ グローバルナビゲーション

2.Column Drop（カラム落ち型）

　もう1つの人気のあるパターンです。大きなスクリーンではマルチカラムのレイアウトですが、スクリーンサイズが小さくなるにつれてカラムが落ちていきます。

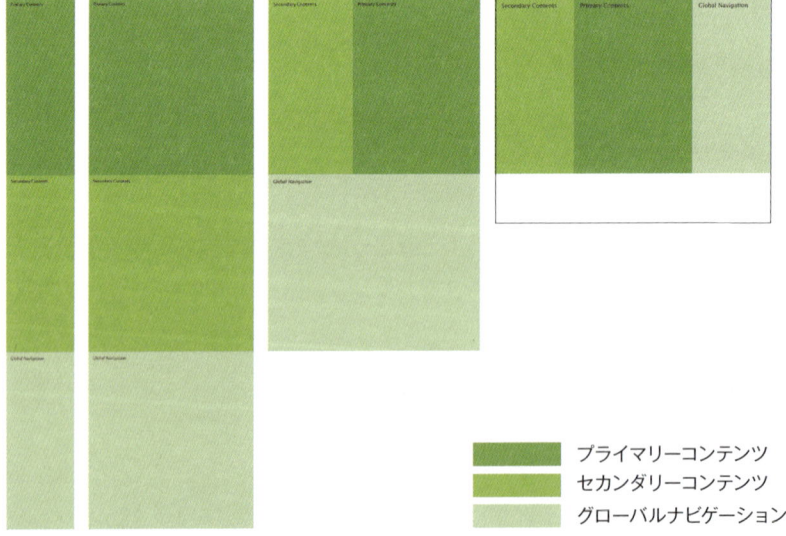

図❸
カラム落ち型のレイアウト

サンプル❷

chap03/05/02/index.html

■ プライマリーコンテンツ
■ セカンダリーコンテンツ
■ グローバルナビゲーション

3.Layout Shifter（レイアウト変更型）

　大きなスクリーン、中くらいのスクリーン、小さなスクリーンと、スクリーンサイズによって異なるレイアウトに切り替わるパターンです。ブレイクポイントによる変形がやや面倒なので、前の2つのレイアウトパターンに比べてあまり使われていません。

図❹
レイアウト変更型のレイアウト

サンプル❸
chap03/05/03/index.html

4.Tiny Tweaks（微調整型）

　3.とは逆に、スクリーンサイズごとの差異がほとんどないパターンです。非常にシンプルなパターンで、少ないパーツで構成された高級感あふれるサイトで利用されています。シンプルなのであらゆるデバイスで対応でき、フォントサイズと画像のレイアウトを調整する程度で実装できますが、もっとも人気がありません。

図❺
微調整型のレイアウト

サンプル❹
chap03/05/04/index.html

5.Off Canvas（オフキャンバス型）

　1〜4のレイアウトパターンには、共通した特徴があります。どれも、小さなスクリーンではコンポーネントを上下に積み上げていくため、結果として縦に長いページになる点です。

　オフキャンバスは、画面の表示領域外（オフスクリーン）と表示領域内（オンスクリーン）に要素を配置して、`JavaScript`などでスライドさせて切り替えるレイアウトパターンです。

図❻
オフキャンバス型のレイアウト。小さな画面ではコンテンツがせり出して切り替える

サンプル❺
chap03/05/05/index.html

　以上、レイアウトの基本的なパターンについて紹介しました。さまざまバリエーションがありますが、レスポンシブWebデザインにおけるレイアウトの原則は、「コンテンツファースト、ナビゲーションセカンド」にあります。それぞれのパターンの長所と短所を把握して、コンテンツに適したレイアウトを採用しましょう。

タッチデバイスでの操作を考慮したナビゲーション

　スマートフォンやタブレットに加えて、Windows 8のようにPCでもタッチスクリーンを搭載したデバイス（タッチデバイス）が増えています。あらゆるデバイスでの表示を前提とするレスポンシブWebデザインでは、タッチデバイスを考慮したナビゲーション設計が求められます。

　タッチデバイスは指を使って操作するので、ボタンやリストなどのナビゲーション要素のサイズを大きめにデザインするとともに、ユーザーが実際に操作しやすい位置を考えて要素を配置する必要があります。

　たとえばスマートフォンの場合、多くのユーザーは図❼のように持って操作するので、図❽のように「操作しやすい領域」と「操作しづらい領域」があります。

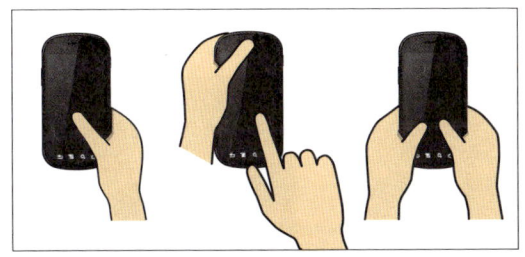

図❼　スマートフォンの操作スタイル

図❽　スマートフォンのタッチ領域（右利きの場合）

　タブレットの場合は図❾のように、タッチ対応のPCでは図❿のようになります。

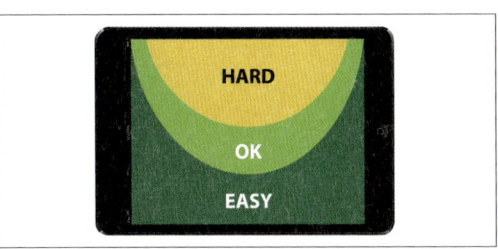

図❾　タブレットの操作スタイル（左）と操作領域

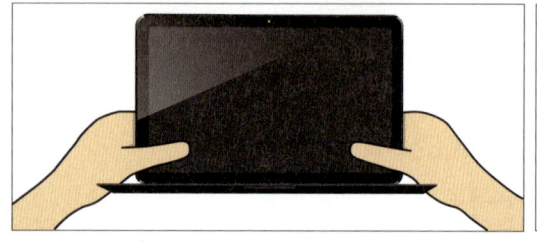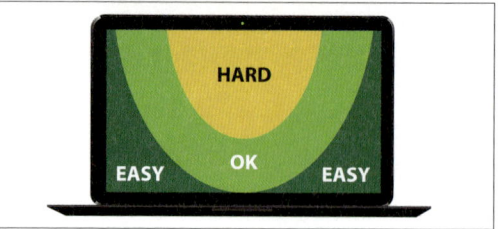

図⑩ タッチ対応のPCの操作スタイル（左）と操作領域

このように、ユーザーの操作スタイルを考えると、大半のタッチデバイスでは操作しやすい領域が画面の下部に集中していることがわかります。

新しいナビゲーションレイアウトの提案

前出のルーク・ウロブルスキ氏は、ヘッダーにナビゲーションが並ぶ従来のWebサイトを「マウスやキーボードの世界のために設計されている」とし、図⑪のような**新しいナビゲーションレイアウト**[3]を提案しています。

[3] http://www.lukew.com/ff/entry.asp?1649

図⑪ ウロブルスキ氏が提案したレイアウト

このレイアウトでは、画面の下部にナビゲーションが配置されており、ページをスクロールしてもナビゲーションの位置は変わらず固定されています。このため、ヘッダーにナビゲーションが集中するレイアウトよりも、タッチデバイスにやさしいレイアウトになっています。

ルーク氏の提案はまだ実験的なものであり、ルーク氏自身も「最良かどうかは疑問が残る」としています。しかし、マウスやキーボードで操作する従来のPC中心のデバイスから、タッチデバイスへと主流が移行するに従って、こうした新しいナビゲーションレイアウトの必要性が高まるのは間違いないでしょう。

3-6 レスポンシブの難所をCSSで解決する
テーブルとビデオのレスポンシブ化

テーブル（表組み）とビデオは、さまざまなスクリーンサイズを前提としたレスポンシブWebデザインでは特に実装が難しい要素です。コンテンツの設計から考え直すのも1つの手ですが、ちょっとしたCSSのテクニックで対応する方法を紹介します。

レスポンシブテーブルの実装

テーブル（表組み）は、PCのような大きなスクリーンを前提に横長に作ることが多いので、スマートフォンなどの小さなスクリーンでは見づらくなりがちです。全体を縮小して表示すると文字が小さくなりますし、横幅を縮めると文字がセル内で折り返してしまい、表全体が縦に伸びてしまったりします（図❶）。

そこで、小さなスクリーンでもテーブルを見やすく表示する**「レスポンシブテーブル」**と呼ばれるテクニックを紹介します。レスポンシブテーブル専用のJavaScriptのライブラリーもありますが、CSSだけで実装してみましょう。

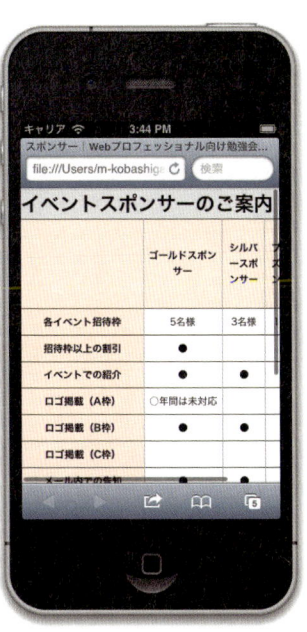

図❶ テーブルは小さなスクリーンで見づらい

overflow:scrollによる実装方法

レスポンシブテーブルは、大きな画面では通常のテーブルを表示し、小さ

な画面ではテーブルを横にスクロールできるようにする方法です(図❷)。このとき、テーブルの最左列のラベル部分(ヘッダー)は固定しておき、テーブルのボディ部分だけをスクロール可能にすることで、小さな画面でも見やすく表示できます。

図❷
レスポンシブテーブルのイメージ。ラベルを固定してボディのみ横にスクロールする

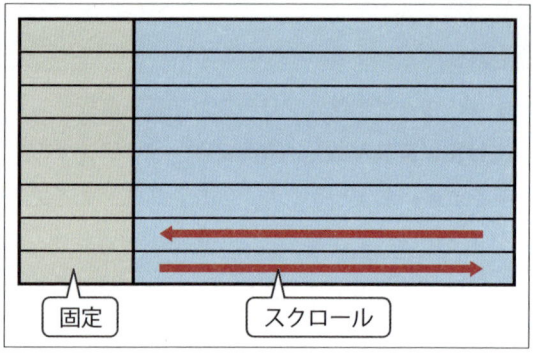

サンプルのHTMLは以下のようになります。

サンプル❶
chap03/06/01/index.html

```html
<table>
<thead>
<tr>
<th> </th>
<th> ゴールド <span> スポンサー </span></th>
<th> シルバー <span> スポンサー </span></th>
<th> ブロンズ <span> スポンサー </span></th>
<th> メディア <span> スポンサー </span></th>
</tr>
</thead>
<tbody>
<tr>
<th> 各イベント招待枠 </th>
<td>5 名様 </td>
<td>3 名様 </td>
<td>1 名様 </td>
<td>1 名様 </td>
</tr><tr>
<th> 招待枠以上の割引 </th>
<td> ● </td>
<td> </td>
<td> </td>
<td> </td>
</tr><tr>
<th> イベントでの紹介 </th>
```

```
<td>●</td>
<td>●</td>
<td> </td>
<td> </td>
</tr><tr>
（中略）
<th>年間協賛金</th>
<td>60万円</td>
<td>30万円</td>
<td>20万円</td>
<td>-</td>
</tr>
</tbody>
</table>
```

CSSは以下のとおりです。モバイルファーストの考え方に従って、最初にスマートフォンを想定した小さな画面向けのスタイルを指定します。

サンプル❶
chap03/06/01/styles.css

```css
table {
display: block;
width : 90%;
margin : 0 auto;
padding : 0;
position : relative;
border-collapse : collapse;
border-spacing: 0}

thead {
float : left}

thead tr th {
display : block}

tbody {
display : block;
position : relative;
overflow-x : auto;
white-space : nowrap;}

tbody tr{
border-collapse: collapse;
border-spacing: 0;
display : inline-block;
```

```css
vertical-align : top;
border-right: 1px solid #BABCBF}

tbody tr th,
tbody tr td{
display : block;
vertical-align : top;
margin-right : 0}

table tr th,
table tr td {
font-size : 12px;
text-align : center;
background : #fff;
padding : 6px 6px;
border-top : 1px solid #333}

table tr th:last-child,
table tr td:last-child {
border-bottom : 1px solid #333}

table tr th {
background : #FFF2E8}
```

　小さな画面では、テーブルのラベル部分をヘッダーとして最左列に固定するため、`thead`要素内の`th`要素を`display:block`として縦（垂直方向）に並べます。この`thead`要素に`float:left`を適用することで、`tbody`要素の左側にラベルが回り込みます（図❸）。

図❸
最上列にあったラベル（左）を垂直方向に並べて最左列に移動させる（右）

ボディ部分も`display`プロパティを使って配置を変更します。`th/td`要素に`display:block`を指定してセルを縦に、`tr`要素に`display:inline-block`を指定して`tr`要素を横（水平方向）に並べます。これでテーブルの列と行が入れ替わります（図❹）。

図❹
テーブルの列と行が入れ替わった状態

最後に、横にはみ出たコンテンツをスクロールで表示できるようにするため、`tbody`要素に`overflow-x:auto`と指定します。また、テーブルはデフォルトではセル内でテキストを折り返して表示するため、`white-space:nowrap`で折り返しを禁止します。

以上で、ボディ部分を横にスクロールして表示するテーブルができました（図❺）。

図❺
小さな画面での表示。テーブルのボディ部分は左右にスクロールして表示する

続いて、PCのような大きな画面向けのスタイルシートをメディアクエリーの中に書きます。**サンプル❶**では画面幅が480px以上のときに通常のテーブルとして表示するようにします。

```css
@media screen and (min-width:480px){
html{
font-size: 100%;
```

```
}

table{
margin : 0 auto;
display: table;
border-collapse: separate}

table thead{
display: table-header-group;
float: none}

thead tr{
display : table-row;
float : none}

thead tr th {
display: table-cell;
border-right: 1px solid #BABCBF}

tbody{
display: table-row-group}

tbody tr{
display : table-row}

tbody tr th,
tbody tr td {
display : table-cell;
border-right: 1px solid #BABCBF}

table tr th:last-child,
table tr td:last-child  {
border-bottom : none}

}
```

　このCSSでは、「inline-block」や「display:block」に変更したtr要素やtd要素のdisplayプロパティ値を「table-cell」や「table-row」といった値に変更して本来のテーブルに戻しています（図❻）。

図❻
大きなスクリーンでは本来のテーブルが表示される

以上でレスポンシブテーブルの完成です。

エラスティックビデオの埋め込み

　企業のWebサイトでもビデオを利用する機会が増え、レスポンシブWebデザインのサイトでビデオを埋め込みたいケースも多いでしょう。

　ビデオをレスポンシブWebデザインに対応させる方法もいくつかありますが、CSSのみを利用して埋め込む「エラスティックビデオ（Elastic Video）」と呼ばれるテクニック方法を紹介します。エラスティックとは、ゴムのように伸び縮みするレイアウトという意味です。

　さっそくサンプルを見てみましょう。サンプル❷は、VimeoとYouTubeにアップロードしたビデオをHTMLに埋め込んでエラスティックビデオとして表示するものです。

　HTMLは以下のようになります。iframe要素をdiv要素で包んでいます。

HTML

サンプル❷
chap03/06/02/index.html

```
<-- Vimeo の場合 -->
<div class="video-container"> <iframe src="http://player.vimeo.com/video/6284199?title=0&byline=0&portrait=0" width="800" height="450" frameborder="0"></iframe>
```

```
</div>

<!-- YouTube の場合 -->
<div class="video-container"> <iframe width=
"560" height="315" src="http://www.youtube.com/embed/eVAw-
5jRay6M" frameborder="0" allowfullscreen>
</iframe>
</div>
```

　CSSは以下のとおりです。iframe要素を包んでいるdiv要素(video-container)に「position:relative」、iframe要素に「position:absoute」を指定すると、iframeはdiv要素を基準としてレイアウトされます。そこで、iframeの幅と高さに100%を指定すると、ビデオがスクリーンサイズに応じて伸縮するようになります(図❼)。

サンプル❷
chap03/06/02/index.html

```css
.video-container {
position : relative;
padding-bottom : 56.25%;
padding-top : 30px;
height : 0;
overflow : hidden}

.video-container iframe,
.video-container object,
.video-container embed {
position : absolute;
top : 0;
left : 0;
width : 100%;
height : 100%}
```

3-6 | テーブルとビデオのレスポンシブ化

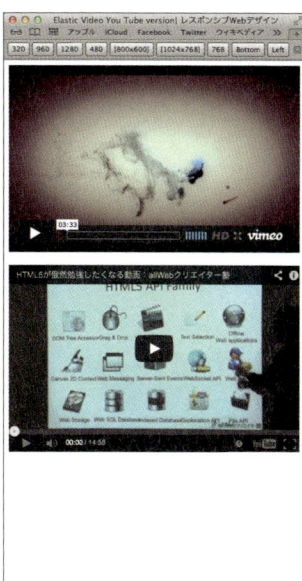
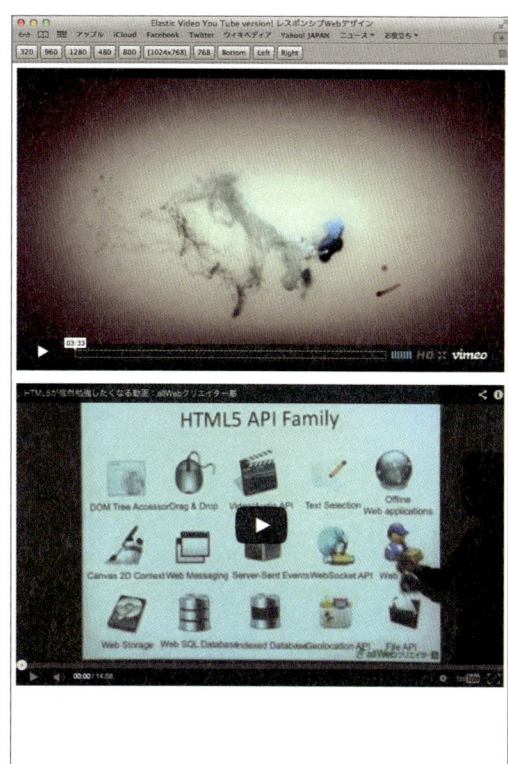

図❼
ブラウザー幅によってビデオが伸縮する

Follow up ❽

デザイニングインザブラウザーを助けるツール

従来のWebサイト制作のようにデザインカンプを作る代わりに、Webブラウザー上でコーディングしながらデザインする「デザイニングインザブラウザー（Designing in the Browser）」の手法では、テキストエディター上でCSSを変更するだけでデザインができます。デザイニングインザブラウザーによるレスポンシブWebデザインを助けるツールを紹介します。

ダミー画像を表示する「PlaceIMG」

「PlaceIMG」（http://placeimg.com/）は、ダミー画像を作成するツールです。横幅と高さ、画像のカテゴリー、フィルターといった条件を設定すると、Flickrで公開されている写真からダミー画像を生成します（図❶）。

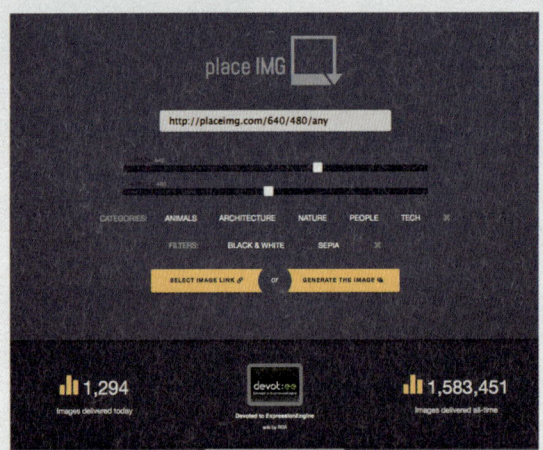

図❶ ダミー画像を生成する「PlaceIMG」

条件を設定して「GENERATE THE IMAGE」をクリックすると、ダミー画像が表示されます。そのまま画像を保存して利用することもできますが、デザイニングインザブラウザーで作業するときは、PlaceIMGのURLをimg要素のhref属性に直接記述するのが便利です。

PlaceIMGは以下のようなURL形式で画像を指定できます。

http://placeimg.com/[横幅]/[縦幅]/[カテゴリー]/[フィルター]

横幅と高さはピクセルで指定します。カテゴリーおよびフィルターには以下のキーワードが指定できます（フィルターは省略可能）。

［カテゴリー］
- any……無指定
- arch……建築物
- people……人物
- animals……動物
- nature……自然
- tech……テクノロジー

［フィルター］
- grayscale……白黒
- sepia……セピア色

たとえば、480×200pxの画像を表示したい場合は、HTMLに以下のように書きます。

```
<img src="http://placeimg.com/480/200/any">
```

800×320pxで人物の白黒画像を表示したい場合は、HTMLに以下のように書きます。

```
<img src="http://placeimg.com/800/320/people/grayscale">
```

すると、図❷のように表示されます。

図❷
PlaceIMGの表示例

　PlaceIMGは、Webページ全体の画像の配置の割り振りや、サイズの調整に便利です。特に、画像サイズの調整では数字を変更するだけで画像サイズを変更できるので、画像編集ソフトで画像のサイズを調整することなく、グリッドに沿ったベストなボックスのサイズを簡単に見つけられます。ベストなボックスサイズが見つかったら、本番用の画像に差し替えればよいのです。
　もちろん、PlaceIMGで表示された画像は、レスポンシブWebデザインのフルードイメージで問題なく拡大・縮小して利用できます。

「Griddle.it」によるグリッドデザイン

「**Griddle.it**」（http://griddle.it/）はブラウザーにグリッドを表示するツールです。基礎編のサンプルサイトでは背景としてグリッド画像を別途用意しましたが、Griddle.itがあればわざわざ作成する必要はありません。URLに数値を入力するだけでグリッドを作成できます。

図❸
グリッド画像を表示する「Griddle.it」

Griddle.itのURLは以下のような形式で指定します。

http://griddle.it/[グリッドの全体幅]-[カラム数]-[ガーターの横幅]

ガーターをカラムに均等に10pxずつ割り振る場合、ガーターは20pxとして計算します。たとえば全体の横幅が960px、カラムは12、ガーターの横幅が10pxだとすると、次のように指定します。

http://griddle.it/960-12-20

グリッドをbody要素の背景に表示する場合は、スタイルシートに次のように指定します。y軸方向へリピートさせます。

```
body { background: url(http://griddle.it/960-12-10) re-
peat-y center top}
```

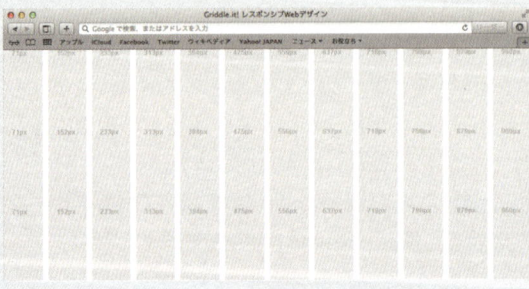

図❹
Griddle.itを使ってグリッドを表示

グリッドの基本数値の後に「?」を付けてパラメーターを追加すると、カラムや背景、グリッドで表示するテキストの色を変更できます（表❶）。色は16進数で、#を省いた3桁または6桁、およびキーワードで指定します。

パラメーター名	意味
color	グリッドの色
background	背景色
text	グリッド上のテキストの色

表❶ 指定できるパラメーター

たとえば、図❹のグリッドの色をピンクに変更する場合は以下のように記述します。

http://griddle.it/960-12-10?color=f0f

パラメーターは「&」でまとめて指定できます。グリッドをピンク、背景色を黄色、文字を黒にする場合は次のように指定します。

http://griddle.it/960-12-10?color=f0f&background=yellow&text=black

スタイルシートには次のように指定します。実際に表示したのが、図❺です。

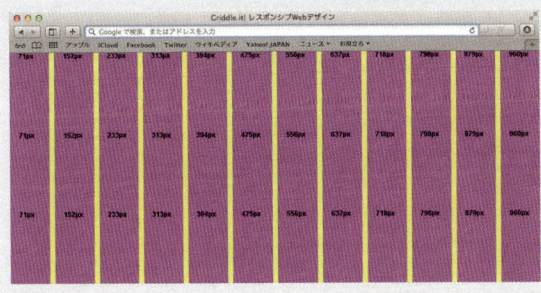

図❺ カスタマイズしたグリッド

```
body { background: url(http://griddle.it/960-12-10?color=f0f&background=yellow&text=black) repeat-y center top}
```

Griddle.itは縦方向のカラムだけではなく、水平線も描画できます。「?」の後ろにベースグリッドの高さを指定します。たとえば、基礎編のサンプルでベースグリッドに採用した24px間隔で水平線を引く場合は「?horizontal=24」とします。

以下はスタイルシートの例です。パラメーターの最後に指定している「num=false」はグリッド上の数字を非表示にするオプションです。

```
body { background: url(http://griddle.it/960-12-10?horizontal=24&color=666666&num=false) repeat-y center top}
```

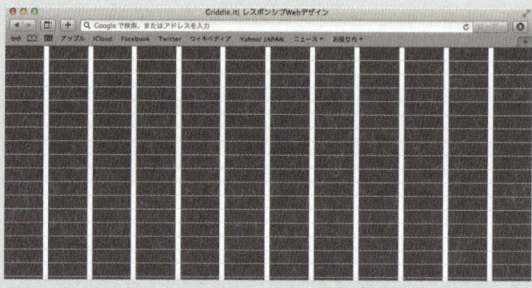

図❻
ベースグリッドを
表示したところ

ベースグリッドを表示できる「Baseliner」

　griddle.itは便利ですが、CSSでグリッド画像を読み込ませる必要があります。ベースグリッドを表示するだけであれば、「Baseliner」（http://keyes.ie/things/baseliner/）が便利です。Baselinerは、ブラウザー上で簡単にベースグリッドを表示できるブックマークレットです。

　利用方法は非常に簡単です。Baselinerのサイトにあるリンクをブックマークバーにドラッグ＆ドロップで登録しておきます。

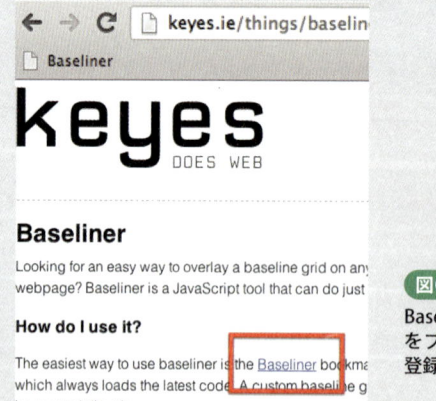

図❼
Baselinerのリンク
をブックマークに
登録する

　ベースグリッドを表示したいサイトを開き、登録したブックマークをクリックしてBaselinerを起動します。しばらくするとベースグリッドが表示され、左下に設定画面が表示されます。デフォルトでは10pxなので、自分の設計した値にセットして利用します。

図❽ ベースグリッドが表示される

ブラウザーの情報がわかる「MQtest.io」

「MQtest.is」はブラウザーのサイズ（横幅、高さ）やユーザーエージェントなどの情報を調べられるツールです。

http://mqtest.io/

PCやスマートフォンから上記のURLにアクセスすると、表示しているブラウザーの情報が表示されます。CSSピクセルの値（device-width/device-height）やデバイスピクセル比（device-pixel-ratio）などもわかるので、ブレイクポイントや画像解像度を決める参考になります。

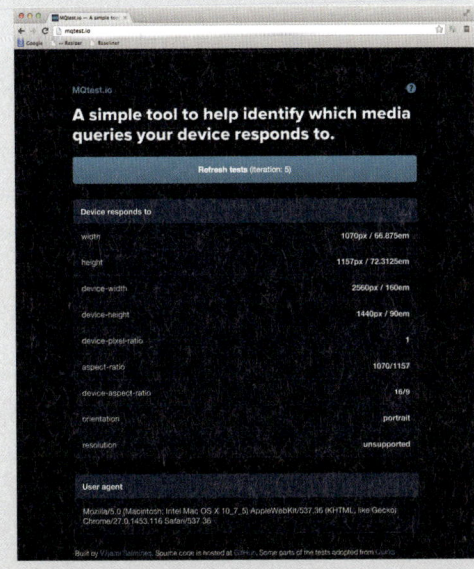

図❽ ブラウザーの情報が表示される

レスポンシブの表示をテストする「.ish」

「**.ish**」(http://bradfrostweb.com/demo/ish/)はレスポンシブWebデザインの表示をテストするツールです。URLを入力すると、「S」「M」「L」「XL」の4段階でWebブラウザーをリサイズした状態で表示します。

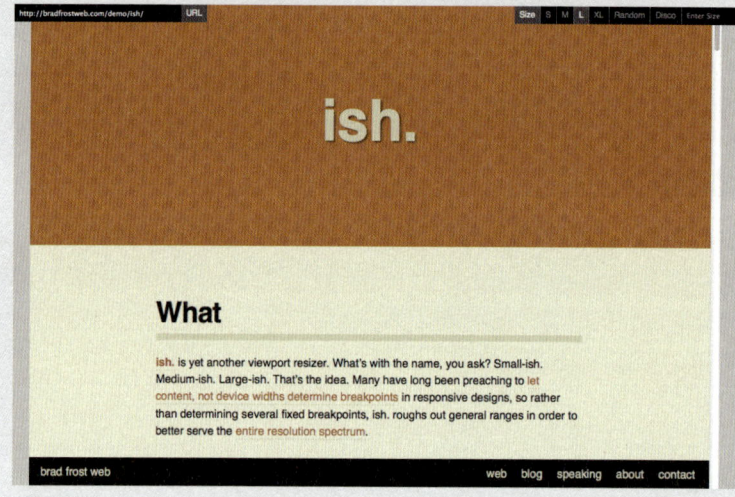

図❾
レスポンシブWebデザインのテストができる「.ish」。
左上にURLを入力、右上でサイズを選択

　基礎編で紹介した「Viewport Resizer」と似ていますが、.ishではあえて厳密なサイズではなくS～XLというあいまいな単位を用意しています。.ishのSサイズを何度かクリックしてみると、毎回スクリーンサイズが微妙に異なることに気付くでしょう。

　これは、レスポンシブWebデザインの「特定のデバイスに依存しない」という原則に沿ったテストをするためです（逆に、特定のデバイスに合わせてレイアウトやコンテンツを変更する手法を「アダプティブWebデザイン」といいます）。特定のデバイスに依存することは、結局のところ、「現在存在するデバイス」にしか対応できません。

　レスポンシブWebデザインの制作時には便宜上、特定のデバイスをイメージして作業することが多いと思いますが、最終的には.ishのようなツールを使って、さまざまなスクリーンサイズで問題なく表示できることを確認するべきです。

第4章

【応用編】
高度な
レスポンシブ
Webデザインの実践

レスポンシブWebデザインに本気で取り組むうえで避けて通れないのが、サイトパフォーマンスやブレイクポイントの問題です。一歩上のレスポンシブWebデザインのテクニックを身につけ、ライバルと差を付けましょう。

[4-1] **文字数をベースにした
　　　ブレイクポイントの設定** ……… 174

[4-2] **パフォーマンス改善の基本** ……… 185

[4-3] **Data URIとアイコンフォントによる
　　　HTTPリクエストの削減** ……… 191

[4-4] **画像の最適化による
　　　パフォーマンスの改善** ……… 198

[4-5] **ソーシャルメディアボタンの
　　　最適化** ……… 212

[4-6] **これからの
　　　レスポンシブWebデザイン** ……… 222

4-1 脱デバイス依存のためのテクニック
文字数をベースにしたブレイクポイントの設定

　第2章〜3章で紹介したレスポンシブWebデザインの手法では、画面の大きさ（ブレイクポイント）をピクセル（px）単位で指定していました。[4-1]では、ピクセルの代わりに、文字数をベースにしたレスポンシブWebデザインの考え方と実装方法を紹介します。

文字数でデザインする3つの理由

　ブレイクポイントをpxの代わりに文字数で指定すると、次のようなメリットがあります。

1. デバイスに依存しないブレイクポイントが設定できる
2. 「読みやすさ」を基準としてシンプルにデザインできる
3. 文字サイズの拡大の問題を回避できる

　これらの理由を1つずつ紹介します。

1.デバイスに依存しないブレイクポイントが設定できる

　「Less Framework」のようなフレームワークでは、カラム数とグリッド数が合わずにうまく割り切れなかったり、すべてのブレイクポイントを320／480／768／992pxと、iPhoneやiPadのような特定のデバイスをターゲットにした数値を指定したりしています。

　こうした「デバイスありき」の考え方は、現在のデバイスの状況をブレイクポイントに落とし込んだだけであり、将来的にデバイスの勢力図が塗り変わったときに対応できません。レスポンシブWebデザインの生みの親でもあるイーサン・マルコッテ（Ethan Marcotte）氏は、「**.net magazine**」の記事[*1]

[*1] http://www.netmagazine.com/interviews/ethan-marcotte-answers-your-responsive-web-design-questions

で次のような興味深い言葉を残しています。

> 「ブレイクポイントは個々の端末に依存するよりもデザインに依存するべきだと信じている。もし、将来的に問題のないレスポンシブWebデザインを考えるなら、320px、480px、768pxといったブレイクポイントの数値を気にするべきではない。Webはそれよりより柔軟である。それらのピクセルは今日のWebのスナップショットにしかすぎない」

非常に的を射ている言葉だと思いませんか？　人気のデバイスが増えるたびにブレイクポイントを追加したり変更したりするのでは、メディアクエリーで端末ごとにデザインを振り分けるポイントが増えてしまい、非常に手間がかかってしまいます。これでは本当の意味での「レスポンシブ」とは言えないでしょう。

2.「読みやすさ」を基準としてシンプルにデザインできる

従来は、スクリーンサイズが大きいデバイスほど解像度は高い、というのが常識でした。しかし、現在ではスマートフォンでも1200×720pxといった、デスクトップの解像度をはるかに超えるデバイスが出現しています。「解像度が高い＝大画面」という前提が崩れれば、ピクセル数ごとに適切なデザインを提供するのは難しくなるでしょう。

文字数をベースにしたレスポンシブWebデザインでは、「○○文字を超えたらレイアウトを変える」といった具合に考えます。常に「読みやすさ」だけを考えて組み立てればよいのでデザインがシンプルになります。

3.文字サイズの拡大による問題を回避できる

ピクセルによるデザインでは、文字サイズを拡大したときに、ボックスがカラム落ちしたり、レイアウトが崩れたりすることがあります。図❶は、レスポンシブWebデザインで制作されたWebサイトを、ブラウザーの拡大機能で大きく表示したときの画面です。本来は横一列に5つのカラムが並ぶレイアウトですが、文字が拡大されたことでボックスからあふれてしまい、カラムが落ちています。

図❶
カラム落ちした状態

　ブレイクポイントを「コンテンツ」、つまりたいていの場合は文字数で設定すれば、こうした問題は解決できます。「1行に30文字表示できる画面でのデザイン」「60文字表示できる場合のデザイン」といった具合に考えればよいわけです。

　例外として、文字がまったくない、写真やビデオだけで構成されたギャラリーサイトは、いままで通りピクセルを利用してブレイクポイントを設定します。

emによるブレイクポイントの設定

　文字数の指定では、単位として**em**[*2]を使います。emは欧文の"M"の高さを基準とした相対単位ですので、厳密には「1文字＝1em」にはなりませんが、おおよその目安にはなります。

　実際にem単位でブレイクポイントを設定してみましょう。emでは、ピクセルのような画面の大きさではなく、「読みやすい文字数」を基準に考えます。以下は誤った考え方によってブレイクポイントを求めた例です。

```
1em＝16px
320px÷16px＝20em
```

　ブラウザーのデフォルトのフォントサイズである16pxを1emと見なし、

[*2] em
📖 90ページ

単純にpxで設定したブレイクポイントの値(320px)を16pxで割ってemに変換しています。これでは単位が変わっているだけで、デバイスに依存している状況は同じです。

emをベースとしてブレイクポイントを設計する場合、基準となるカラムの幅(文字の長さ)を最初に考えます。日本語では、一般に1行あたり30〜35文字が読みやすく、それ以上になると読みづらくなるとされています。

実際に、日本語の文章でテストしてみましょう。図❷〜❹は1行の文字数を変更して比較した例です。

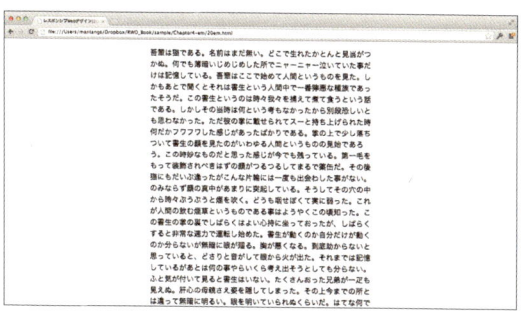

図❷ 30〜31文字の場合

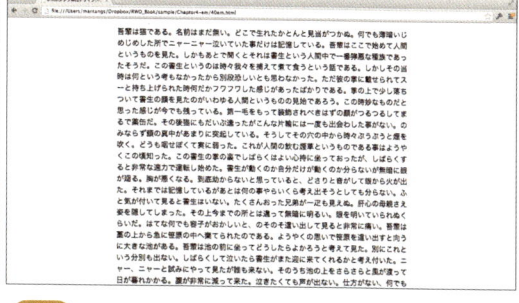

図❸ 40〜43文字の場合

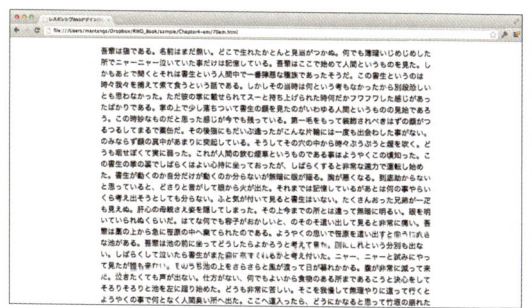

図❹ 70文字以上の場合

こうして比較してみると、1行が70文字では明らかに読みづらいのが分かります。Webのコンテンツの95％は文字であり、文字の可読性を上げることはデバイスを問わず大切です。

そこで、メディアクエリーで35em(約35文字)を基準としてブレイクポイントを設定し、35emを超えたらCSSでレイアウトを変更します。もっとも単純な例としては、35emまで(つまり約35文字まで)は1カラムで、それ以上の文字数になると2カラムにします。

ブレイクポイントの設定例

ブレイクポイントの実際の設定は以下のようになります。

```css
@media screen and (min-width:35em){
  p{
  -webkit-column-count : 2;
          column-count : 2;}
  }
```

> **サンプル❶**
> chap04/01/01/index.html

この場合、ブラウザーの横幅を広げていって、1行の文字数がおよそ35文字を超えると、図❺のようにレイアウトが切り替わります（WebKitのみ対応。厳密には35em＝35文字にはならず、**1〜2文字程度多くなります**[*3]）。

> [*3]
> 特に日本語フォントでは単純にem＝1文字とはならないため、実務では文字の可読性を検証して適切なブレイクポイントを探る必要があります

図❺ サンプルの実行画面

emでブレイクポイントを設定することで、ユーザーが文字サイズを拡大・縮小したときにもレイアウトが変わります。たとえば、ブラウザーのデフォルトである**1em**が**16px**のときには横幅（**35em**）は**560px**ですが、文字を拡大して**1em**が**20px**になると横幅は**700px**になります。

Conditional Content Loaderによるコンテンツの出し分け

emで指定したブレイクポイントでは、[3-3]で紹介した「Response.js」のようなpx数を検知して画像を切り替える手法が使えません。

こうした問題の解決方法として、英国のWeb開発者であるジェレミー・キース（Jeremy keith）氏は、2011年に「**dConstruct**」[*4]というWebサイトで興味深い試みをしました。「Conditional Content Loader」と呼ばれる、コンテンツ（画像やテキスト）をスクリーンサイズに合わせて出し分けるテクニック

> [*4]
> http://2012.dconstruct.org/

です（図❻、図❼）。

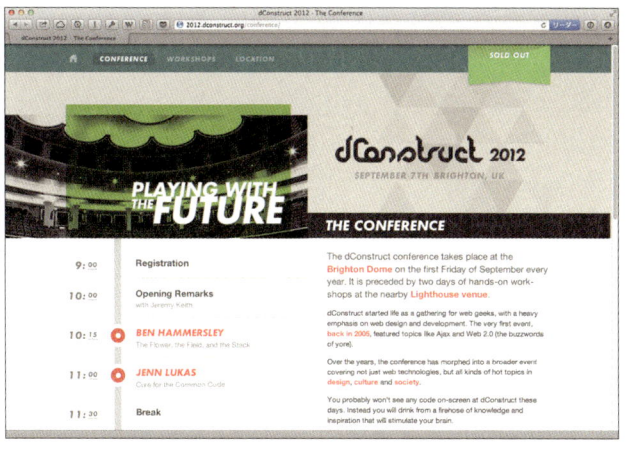

図❻ 「dConstruct」のサイト。画像が表示されている

図❼ 42emになると画像が非表示になる

　Conditional Content Loaderでは、メディアクエリーの切り替わりを検知してコンテンツの表示と非表示を切り替えます。横幅が45em以下の画面（図❼）では「PLAYING WITH THE FUTURE」の写真がなくなっているのが分かります。

Onmedia Query による実装

　Conditional Content Loaderをemベースのメディアクエリーに実装してみましょう。Conditional Content Loaderは「**onmediaquery.js**」[*5]というJavaScriptライブラリーを使って実装できます（JavaScriptライブラリーとしてjQueryまたはZeptoを使います）。

[*5] https://github.com/JoshBarr/js-media-queries

　onmediaquery.jsの仕組みは簡単です。CSSの:after疑似要素とcontentプロパティを利用して、メディアクエリーで設定したスクリーンサイズになると、body要素の後ろへ「tablet」といったテキストを挿入します（body要素の後なのでブラウザーには表示されません）。このテキストの存在をJavaScriptで検知して、画像などのコンテンツ要素を追加します。

　サンプル❷は、35emをブレイクポイントとして画像を表示する例です。CSSでは以下のように35emのメディアクエリーを記述します。

サンプル❷

chap04/01/02/index.html

```css
html{font-size:100%}
body{padding:10px}
img{max-width:100%}

/* onmediaquery setting */
body:after {
  content: 'global';
  display: none;
}

@media screen and (min-width: 35em) {
  body:after {
      content: 'tablet';
      display:none;
  }
}
```

HTMLは以下のようになります。

サンプル❷

chap04/01/02/index.html

```html
<body>
<div class="pages">
<p>画面サイズが35em以上の場合には画像が表示されます。<br>
画面サイズが35em以下の場合には画像が表示されません。</p>
</div>

<script src="js/jquery-1.8.1.min.js"></script>
<script src="js/onmediaquery.min.js"></script>
<script>
var queries = [
{
    context: 'tablet',
    callback: function() {
// ここから コンテンツローダー開始
// jQuery/Zepto の .length 関数や size 関数などを使い、数が 0 かどうか判定
// 二重読み込み防止のため
        if ( $('.photo').length == 0){
                $('<div class="photo"><img src="img/001.jpg" alt=""></div>').appendTo('.pages');
        }
// ここまで
    }
}
```

```
];
MQ.init(queries);
</script>
</body>
```

「tablet」のテキストが含まれている場合(つまり、横幅が35em以上の場合)に、div要素とimg要素を挿入します。ただし、何度も同じ要素が挿入されないように、挿入する要素「.photo」があらかじめ含まれていないかを調べておきます。

図❽～❾はブラウザーでの実行結果です。

図❽ 35em以下の画面サイズの場合

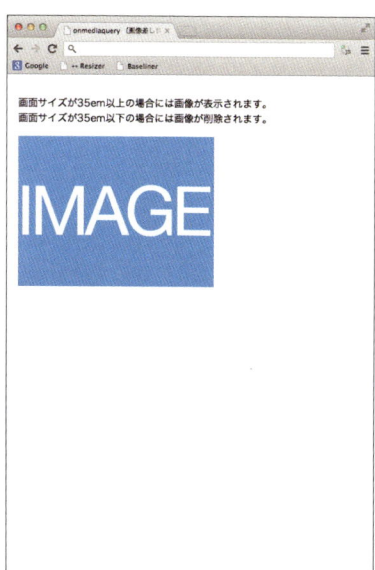
図❾ 35em以上の画面サイズの場合

要素を差し替える場合

サンプル❷は、特定のブレイクポイントで要素を挿入する例でしたが、別の要素に差し替えることもできます。サンプル❸では、図❿～⓬のように、小さな画面と大きな画面とで画像を差し替えます。

図⓫ middle画面サイズ

図❿ small画面サイズ

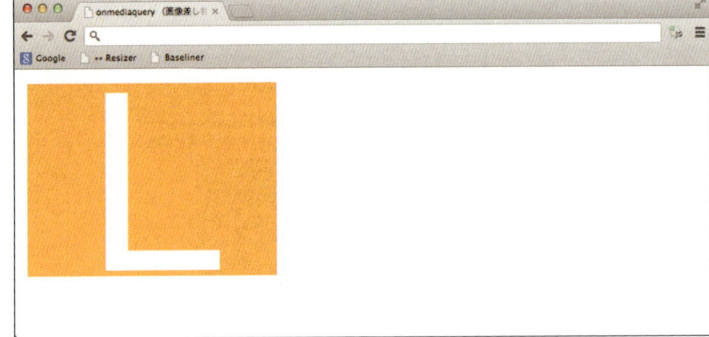

図⓬ large画面サイズ

　CSSでは以下のようにブレイクポイントを35emと56emに設定し、それぞれ「tablet」「desktop」を挿入します。

サンプル❸

chap04/01/03/index.html

```css
html{font-size:100%}
body{padding:10px}
img{max-width:100%}

/* onmediaquery setting */
body:after {
  content: 'global';
  display: none;
}

@media screen and (min-width: 35em) {
  body:after {
      content: 'tablet';
      display:none;
  }
}
```

```
@media screen and (min-width: 56em) {
  body:after {
    content: 'desktop';
    display:none;
  }
}
```

HTMLは以下のようになります。img要素のsrc属性にはスマートフォンを想定した小さな画像のパスを指定しておき、カスタムデータ属性でmediumサイズとlargeサイズの画像のパスを指定します。

JavaScriptではbody要素の後にあるテキストを調べて、「tablet」の場合は「data-medium」で指定したパスを、「desktop」の場合は「data-large」で指定したパスをimg要素のsrc属性に書き込みます。

HTML サンプル❸
chap04/01/03/index.html

```
<body>

<div><img
src="img/001.jpg"
data-medium="img/002.jpg"
data-large="img/003.jpg"
alt=""></div>

<script src="js/jquery-1.8.1.min.js"></script>
<script src="js/onmediaquery.min.js"></script>
<script>
var queries = [
{
    context: 'global',
    callback: function() {
        $('img').each(function(index) {
            var small = $(this).attr('src');
            $(this).attr('src',small);
        });
    }
},
{
    context: 'tablet',
    callback: function() {
        $('img').each(function(index) {
            var medium = $(this).data('medium');
            $(this).attr('src',medium);
```

```
            });
        }
    },
    {
        context: 'desktop',
        callback: function() {
            $('img').each(function(index) {
                var large = $(this).data('large');
                $(this).attr('src',large);
            });
        }
    }
];
MQ.init(queries);
</script>
</body>
```

　空のブレイクポイントがあると画像が正しく表示されないことがありますので、画像を差し替えるときには不要なブレイクポイントを作らないようにしてください。

　このサンプル❸は、JavaScriptで一度画像を差し替えると、img要素のsrc属性に指定されていたデフォルトの画像に戻りません。ただし、ウィンドウサイズを大きくしたり小さくしたりするのは開発者だけです。ユーザーはデバイスによって異なる画面を見るはずですから、元に戻らなくても問題はありません。

4-2 レスポンシブWebデザインの課題に取り組む
パフォーマンス改善の基本

レスポンシブWebデザインにおける大きな課題が、Webサイトの表示速度（パフォーマンス）です。レスポンシブWebデザインではあらゆるデバイスにおいて単一のHTMLを共有するため、回線速度や処理能力がPCに比べて劣るスマートフォンで表示速度が遅くなります。パフォーマンス改善に取り組むための基本的な考え方を紹介します。

パフォーマンス改善は計画的に取り組もう

パフォーマンスの改善は、一般的にWebサイトを制作した後に取り組むことが多いでしょう。たとえば、ソースコード圧縮ツールや画像最適化ツールなどでファイルサイズを減らす、といった取り組みが代表的です。

もちろん、こうした"制作後"の改善策は有効です。しかし、パフォーマンスの問題はそもそものデザインやマークアップに起因することも多く、制作後の取り組みだけでは大きな作業ロスにつながることになります。

実際、**Webページの表示にかかる処理の8割**[*1]がフロントエンド（ブラウザー）の処理によるものと言われていますから、あらかじめ何が問題となるのかをはっきりさせて、常に軽量化を意識しながら制作に取り組むことが非常に大切なのです。

[*1] 米ヤフーのCPY（Chief Performance Yahoo!）だったスティーブ・サウダーズ氏の著書『ハイパフォーマンスWebサイト —高速サイトを実現する14のルール』（日本語版は2008年、オライリージャパン刊）より

パフォーマンス改善のための5つの施策

パフォーマンス改善の方法はさまざまですが、必ず取り組みたい5つの施策を紹介します。どれも、サイト制作の初期段階から取り組める手法です。

1.正確でシンプルなマークアップ

　HTMLはなるべくシンプルに記述し、不要なdiv要素やclass属性は記述しないようにしましょう。HTMLが複雑になればなるほど、ブラウザーがHTMLを解釈するのに時間がかかりますし、CSSのセレクターで要素を特定する処理も遅くなります。HTML5のセマンティックな要素や属性を正しく利用することで、div要素やclass属性の乱用を減らせます。

　CSSはモバイルファーストの考え方に沿って、小さなスクリーンから大きなスクリーンへとカスケードして書くようにしましょう。ブラウザーの初期設定値も上手に利用し、無駄なスタイルシートを記述しないようにします。

2.HTTPリクエストを削減する

　Webサイトが遅くなる原因には、ダウンロードにかかるファイルの容量が大きく読み込みに時間がかかる、レイアウトが複雑でブラウザーの処理に時間がかかる、などがありますが、特に影響が大きいのが**「HTTPリクエスト」**です。

　HTTPリクエストとはWebブラウザーがWebサーバーに対して出す要求のことです。私たちがWebページを閲覧するときに、パソコンやモバイルデバイスのWebブラウザーは、サーバーに対してテキストや動画などのコンテンツを要求します。これに対してサーバーは、コンテンツをレスポンス（応答）として返すわけです。

　一度にやりとりできるテキストファイル（HTML／CSS／JavaScript）や画像ファイルの数はブラウザーによって2〜6本と決まっており、上限に達すると次に空くまで待たされることになります。

図❶
HTTPリクエストとWebブラウザー／サーバーの関係

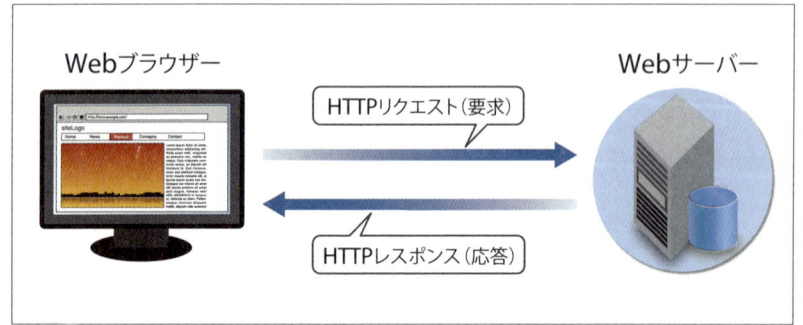

Webページに読み込むファイルが多ければ多いほどHTTPリクエストの数も多くなるため、HTTPリクエストはできるだけ少なく抑えるのが原則です。

HTTPリクエストを削減する具体的な方法として以下があります。

❶アイコンフォント化して画像をまとめる

アイコンなどの小さな画像は、フォントとして1つにまとめることでHTTPリクエストを大幅に削減できます。具体的な方法は[4-3]で説明します。

❷Data URIを使って画像を埋め込む

画像を文字列としてHTML内に埋め込むテクニックです。具体的な方法は[4-3]で説明します。

❸CSSやJavaScriptはなるべく1つのファイルにまとめる

たとえば、メディアクエリーではHTMLのlink要素を使って複数のCSSファイルを読み込めますが、CSSファイルをスクリーンサイズごとに分割するとそれだけHTTPリクエストが多くなります。パフォーマンスを重視するのであれば、なるべく1つのファイルにまとめて記述し、@mediaを使って書くべきでしょう。

❹ソーシャルメディアボタンの読み込みを改善する

TwitterやFacebookなどのソーシャルメディアが提供する共有ボタンをそのまま設置すると、ページの読み込みが大幅に遅くなります。実装方法を見直すことでパフォーマンスを向上できます。具体的な方法は[4-5]で説明します。

❺そもそも不要なファイルは読み込まない

開発時のテストに使っていたJavaScriptファイルなど、そもそも不要なファイルを誤って読み込んでいないか確認しましょう。特に、jQueryなどの定番ライブラリーは標準的なテンプレートとしてHTMLに組み込まれていることがありますが、使用していなければ削除します。

3. CSS3の活用

　HTTPリクエストの削減とも関連しますが、ボタンなどのUIパーツはなるべくCSS3を利用して作成します。`background`プロパティの`gradient`関数や、`text-shadow`／`box-shadow`、`border-radius`などのプロパティを活用すれば、多くのUIパーツは画像にする必要がありません。

　海外のブログメディア「Smashing Magazine」の記事「**CSS3 vs. CSS: A Speed Benchmark**」[*2]では、同一デザインのサイトをなるべくCSS3を使って制作した場合と、CSS 2.1で制作した場合とでパフォーマンスを比較しています（図❷）。

*2
http://coding.smashingmagazine.com/2011/04/21/css3-vs-css-a-speed-benchmark/

図❷
CSS 2.1で制作したページ（左）とCSS3で制作したページ。見た目はほぼ同じ

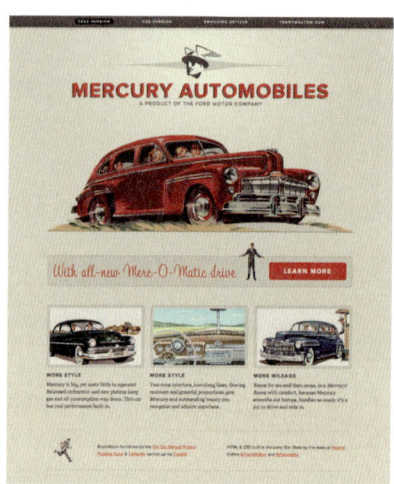

　この結果は表❶のようになりました。CSS 2.1で制作した場合と、CSS3で制作した場合では、読み込み速度で約**1.4秒**の差が出たとのことです。また、CSS 2.1とCSS3とでは、ページサイズは約**10%**、HTTPリクエストは**45%**削減されています。

　このように、CSS3を使うことで、ページサイズはもちろん、HTTPリクエストを減らすことができ、パフォーマンスを大幅に改善できるのです。

	CSS 2.1	CSS3
HTTPリクエスト	22	12
ページサイズ	849.2KB	767.9KB
読み込み速度	4.7秒	3.3秒

表❶　パフォーマンスの比較

4. デザインの再考

レスポンシブWebデザインでは、1つのHTMLを利用するという性質上、PC向けの高解像度画像をスマートフォンでも読み込まなければならない、と考えるかもしれません。

しかし、PCのような大きなスクリーンだからといって、必ずしも大きな画像を使う必要はありません。

たとえば、図❸のようなスマートフォン向けのページがあったとします。このページでは幅200pxの画像を表示しています

図❸
スマートフォン向けページのイメージ。幅200pxの画像を表示している

図❹
レイアウトを維持してフルードイメージにすると大きな画像が必要になる

このとき、PCのような大きなスクリーンでフルードイメージを使って画像を拡大すると、図❹のようになるでしょう。しかし、これでは大きな画像（たとえば幅800pxもの画像）を用意する必要があり、スマートフォンでの読み込みが遅くなってしまいます。

そこで、図❺のように、スマートフォンでの画像サイズを生かして、レイアウトを調整するアプローチを検討してはどうでしょうか。これなら、幅200pxの画像をタブレットやPCでも流用でき、パフォーマンスを損なうことがありません。

▼スマートフォンでの表示　▼タブレットでの表示　▼PCでの表示

図⑤　画像サイズをそのままにレイアウトを調整する

　このように、スクリーンサイズによってレイアウトを柔軟に変更することを前提にデザインすると、画像の問題を解決できることもあります。

4.画像の最適化

　最後に、画像の最適化についても触れておきましょう。写真にはJPEG、ロゴやイラストにはPNGやSVGといった具合に適切なフォーマットを選ぶことはもちろんですが、圧縮ツールを使ったり、「色数を減らす」「ぼかしを加える」といったテクニックを駆使したりしてもファイル容量を削減できます。具体的な手法は、[4-4]で詳しく紹介します。

　以上、ここで紹介したのはどれもオーソドックスなパフォーマンス改善の手法です。1つ1つの改善で得られる効果は小さなものですが、小さな改善を積み重ねることでサイト全体のパフォーマンスアップにつながります。レスポンシブWebデザインでは、常に軽量化を意識して制作を進めましょう。

4-3 画像の読み込みを効率化する
Data URIとアイコンフォントによるHTTPリクエストの削減

HTTPリクエストがもっとも多く発生するのが、画像の読み込みです。パフォーマンス改善のためには、画像の読み込みにかかるHTTPリクエストをなるべく減らす必要があります。[4-2]で説明したとおり、CSS3を活用して画像の使用そのものを減らすのも1つの手ですが、デザイン上、ロゴやアイコンなどの画像を利用したいケースもあるでしょう。[4-3]ではData URIとアイコンフォントの2つのテクニックを紹介します。

Data URIでHTTPリクエストを削減する

Data URIは、画像などのデータをWebページ内に文字列として埋め込む方法(URIスキーム)です。HTMLの中に記述すれば、外部データを別途読み込む必要がなくなるので、その分HTTPリクエストを削減できます。ただし、ファイルサイズは元画像に比べて**1.3～1.5**倍ほど大きくなり、ブラウザーにキャッシュされないため、多用はできません。

Data URIは以下のような形式で記述します。

`data:[<mime type>] [;base64],<encoded data>`

`<mime type>`はデータの形式を表し、以下のような文字列を指定できます。

- font/opentype
- application/x-font-ttf
- image/png
- image/gif

- image/jpeg
- image/svg+xml

画像などのバイナリーデータを扱う場合はbase64を指定し、<encoded data>にBase 64でエンコードしたデータを記述します。

DataURL.netによる変換

画像などのデータをBase64でエンコードするツールは多数ありますが、「DataURL.net」[*1]を利用すると画像ファイルをドラッグ＆ドロップするだけでData URIに変換できます（図❶）。

*1
http://dataurl.net/#dataurlmaker

図❶
DataURL.netのトップページ。変換したい画像ファイルをドラッグ＆ドロップする

DataURL.netに画像をドラッグ＆ドロップすると、Base64でエンコードされた文字列がData URI形式で表示されます（図❷）。このコードをコピーします。

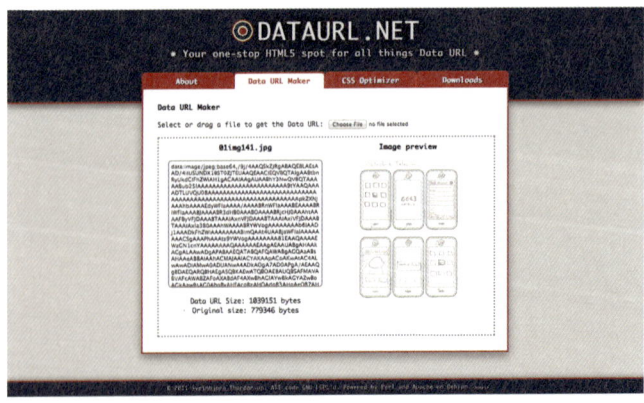

図❷
Data URIに変換後の画面

コピーしたData URIをWebページに埋め込むには、HTMLに以下のように記述します。

```
<img src="data:image/png;base64,iVBORw0KGgoAAAANSUhEU-
gAAADAAAAAtCAYAAADoSujCAAAACXBIWXMAAAsTAAALEwEAmpwYAAAAIGNIU-
k0AAHolAACAgwAA+f8AAIDpAAB1MAAA6mAAADqYAAAXb5JfxUYAAAtaSURB-
VHjarJpN …（中略）" width="" height="" alt="" >
```

アイコンフォントの利用

HTTPリクエストを削減するもう1つの方法として、画像の代わりに**アイコンフォント**を利用する方法があります。アイコンフォントとは、アイコンをフォントファイル化してWebフォントとして読み込み、テキストとして表示する方法です。

複数のアイコンをまとめて1つのフォントファイルとして読み込めるので、アイコンを1つずつ読み込むのに比べてHTTPリクエストを削減できます。また、テキストとして表示するので、解像度に依存せず、CSSで簡単にサイズや色を変えたり、陰を付けたり加工できるのもメリットです。

IcoMoonを使ってアイコンフォントを作成

アイコンフォントは、アイコンフォントをWeb上で生成するツール「**IcoMoon**」[*2]を利用すると手軽に導入できます。IcoMoonは、あらかじめ用意されている大量のアイコンから任意のアイコンを選んでフォントファイル化したり、自分で用意したSVG画像からオリジナルのアイコンフォントを生成したりできます。

[*2] http://icomoon.io/

図❸
アイコンをフォント化できる「IcoMoon」

*3
http://icomoon.io/app/

IcoMoonには3800個ものアイコンが用意されていますので、まずはこのアイコンの中から必要なアイコンを選んでフォント化してみましょう。「IcoMoon App」*3 にアクセスすると、アイコンの一覧が表示されます（図❹）

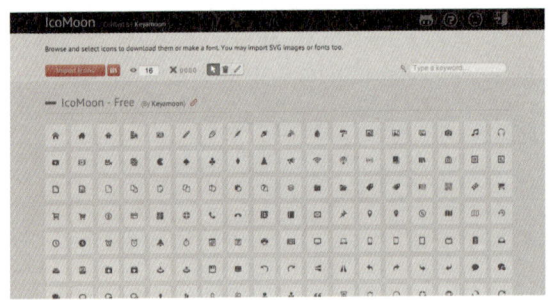

図❹
アイコンの一覧が表示される

図❺の右上の赤枠にあるマウスカーソルのボタンをクリックし、フォント化したいアイコンを選択していきます。選択したアイコンにはオレンジの枠線が表示されます。

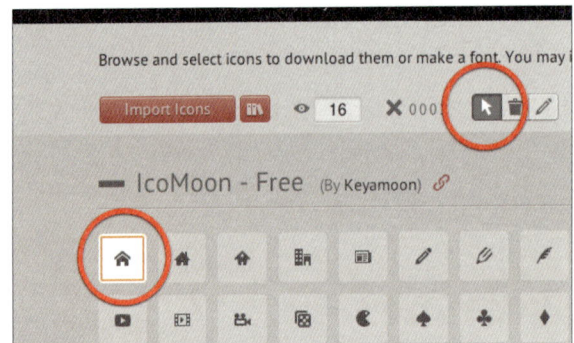

図❺
マウスカーソルのボタンをクリックしてアイコンを選ぶ

赤枠の3つのボタンは、それぞれ「選択」「削除」「編集」ボタンです。「削除」を選択すると選択したアイコンが非選択になります。「編集」ボタンを選択するとアイコンの大きさや向き、位置などを調整できます。

利用したいアイコンを選択した状態で、ページ最下部の「Font」を押すとフォントファイルのダウンロード画面へ移動します（図❻）

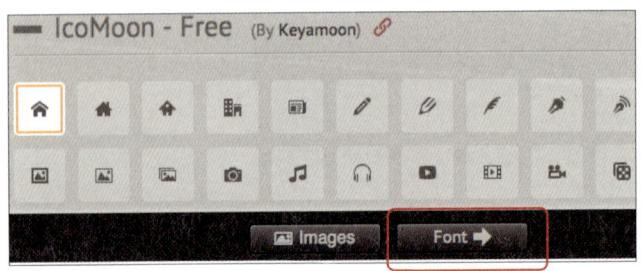

図❻
「Font」をクリックする

図❼の画面が表示されます。「Preferences」をクリックすると、生成するフォントファイルの設定を変更できます。

図❼ 「Preferences」で設定画面へ

設定画面では、以下のような設定が変更できます。

- Font Name：フォントのファイル名およびCSSのフォントファミリーで指定する値
- Class Prefix：アイコンをCSSのclass名で呼び出すときのプリフィックス
- Base64：フォントデータをData URI形式でCSSに埋め込む

設定が終わったら「Download」ボタンを押してダウンロードします。

アイコンフォントの利用方法

ダウンロードしたZIPファイルを展開すると、フォントファイルのほかに、アイコンフォントを表示するためのCSS「styles.css」やサンプルのHTML「index.html」が入っています。

アイコンフォントを実際に利用するには、「styles.css」の記述をコピーして利用したいCSSファイルにペーストし、「fonts」フォルダを丸ごとコピーします。HTMLでは以下のように書くとアイコンを表示できます。

```
<span data-icon="アイコンの文字実体参照" aria-hidden="true"></span>
<span aria-hidden="true" class="icon-アイコン名"></span>
```

実体参照の値やアイコン名は`index.html`にまとまっていますので、コピー&ペーストして使えます（図❽）。

図❽
index.htmlにサンプルがまとまっている

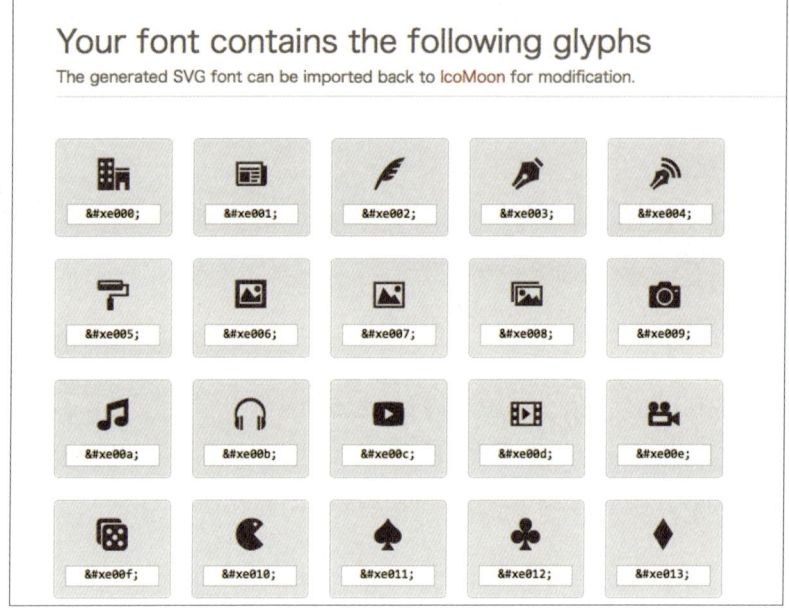

なお、ダウンロード時の設定で「Base64」にチェックしていると、`styles.css`にWOFF形式のフォントが埋め込まれます。WOFFフォントは主要なモダンブラウザーがサポートしていますが、IE8以下は対応していませんので、IE8以下の場合は同時に生成されるEOTファイルをフォールバックとして読み込みます。

```
@font-face {
    font-family: 'colabo';
    src:url(‹fonts/colabo.eot›);
}
```

オリジナルアイコンフォントの生成

IcoMoonは、SVG形式のアイコンをアップロードすることで、オリジナルのアイコンフォントも生成できます。SVGファイルはIllustratorなどで簡単に作成できます。

SVGファイルをアイコンフォントにするには、IcoMoon Appの「Import Icons」からアップロードします（図❾）。

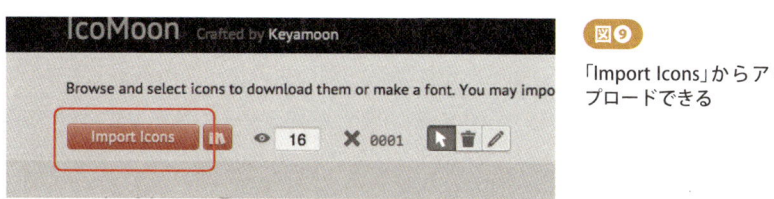

図❾
「Import Icons」からアップロードできる

アップロード後は、他のアイコンフォントと同様の手順でフォントファイルを生成してダウンロードできます。

4-4 細部の調整を積み上げて全体を最適化する
画像の最適化によるパフォーマンスの改善

ロゴやアイコンなどの画像は[4-3]で紹介したData URIやアイコンフォントなどのテクニックでHTTPリクエストを削減できますが、写真やイラストなどのビジュアルが多いサイトでは効果が望めないケースもあるでしょう。そこで、[4-4]では画像ファイルの容量を削減するツールやテクニックを紹介します。

画像圧縮ツールで容量を減らす

画像ファイルの容量を削減するもっとも手軽な方法は、画像圧縮ツールを利用することです。画像圧縮ツールは、見た目を大きく損なわずに不要な情報を取り除いてファイルを軽くするツールで、画像によっては10～50%ほどファイル容量を削減できます。

代表的なものとしては表❶のようなツールがあります。

ツール名	対応形式	対応OS	有償/無償
ImageOptim	PNG／JPEG／GIF	Mac OS	無償
PunyPNG	PNG／JPEG／GIF	ブラウザー	一部有償
PNGGauntlet	PNG（変換元はJPEG/GIF/TIFF/BMP）	Windows	無償
JPEGmini	JPEG	Mac OS／Windows	一部有償

表❶ 主な画像圧縮ツール

筆者のおすすめは、Mac OS 用のフリーソフト「ImageOptim」です。ImageOptimは、OptiPNG／PNGCrush／JpegOptimなどの複数の画像圧縮エンジンを内蔵しており、画像ごとにもっとも効果が高いエンジンを自動的に採用する仕組みになっています。

ImageOptim

ImageOptimは**Webサイト**[*1]からダウンロードできます(図❶)。

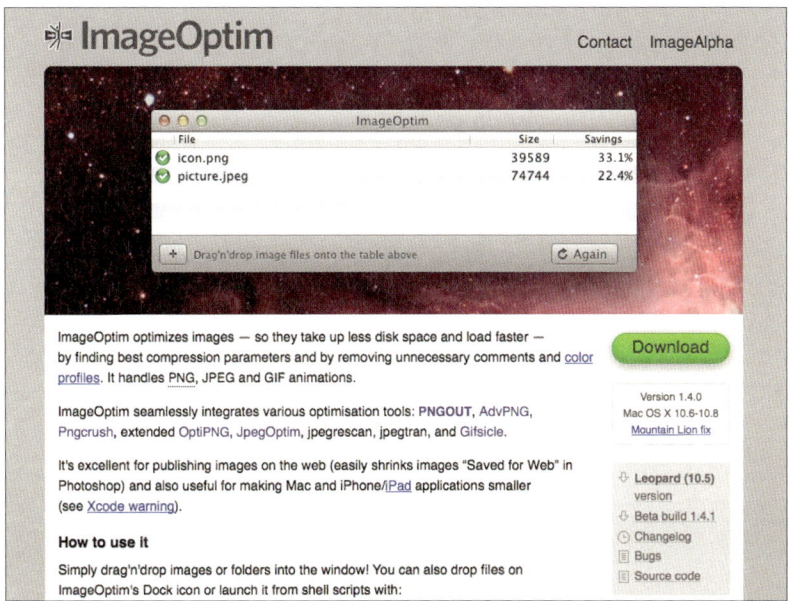

*1
http://imageoptim.com/

図❶
ImageOptimのサイト

ダウンロードしたファイルを展開すると、「`ImageOptim.app`」というファイルができます。このファイルを実行すると`ImageOptim`が起動します(図❷)。

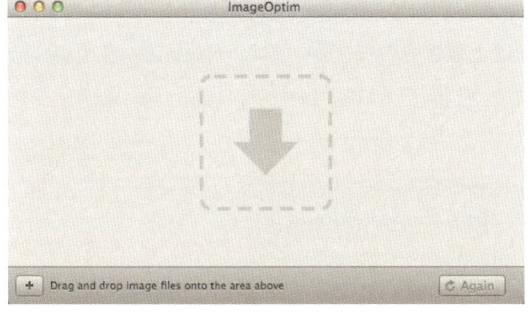

図❷
ImageOptimの画面

使い方はとても簡単で、圧縮したい画像を矢印のところにドラッグ＆ドロップするだけです。しばらく待つと圧縮が実行され、図❸のように結果が表示されます。

図❸

ImageOptimによる圧縮の実行結果

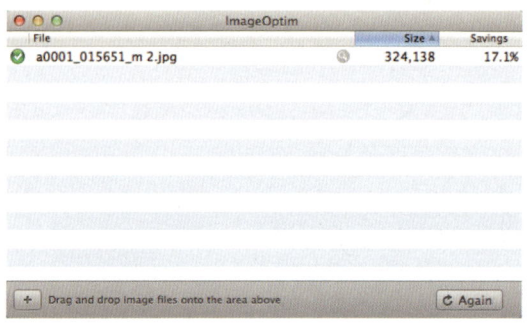

　図❹は圧縮前後の画像を比較したものです。ファイル容量は約**17%**削減されていますが、見た目はほとんど変わらないことがわかります。

図❹ 圧縮前後の画像の比較

▼圧縮前：391KB

▼圧縮後：324KB

　デフォルトではファイルは上書きされますが、コピーも作成できます。環境設定を開き、「`Backup original files before saving`」にチェックを入れます（図❺）。

図❺

ImageOptimの環境設定画面

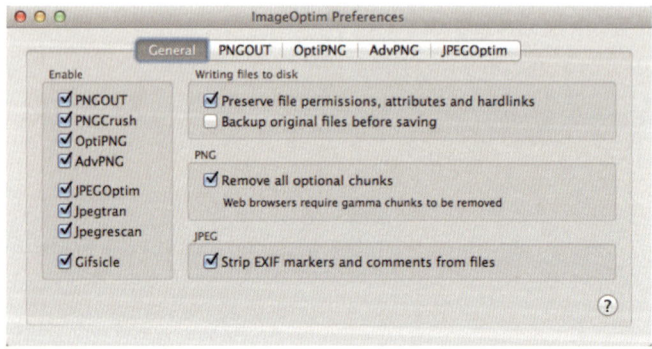

このほか、環境設定ではPNGファイルのメタデータやJPEGファイルのEXIF情報の削除の有無などを変更できます。

軽量化のための画像編集のアイデア

　画像の(見た目の)質を大きく下げずに容量を減らすテクニックの1つとして、使用している色数を減らす方法があります。もちろん、色数が多ければそれだけ細かな階調も表現できますが、ファイルの容量も膨らみます。

　一見、マットなデザインだと思っていたら、実はパフォーマンスのために画像の色数を減らしているケースもあります。たとえば、英国のカンファレンスイベント「**dConstruct 2012**」[*1]のサイトでは、当初、カラーのGoogleマップを埋め込んでいましたが、後に白黒のGoogleマップに変更されています。白黒にすることで、Googleマップの読み込みを高速化させているのです(図❻)。

[*1] http://2012.dconstruct.org/

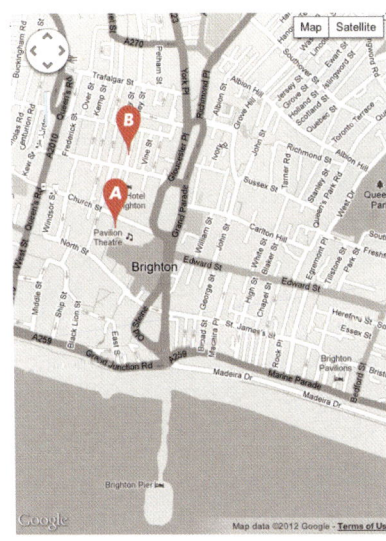

図❻
dConstructの地図。Googleマップの白黒バージョンを利用している

　図❼は、同じdConstructのサイトで使われている写真です。どちらも200×200pxのPNG形式の画像ですが、左は256色、右は16色で保存されています。見た目の印象はほとんど変わりませんが、容量は30KBから12KBと半分以下になっています。

▼256色（30KB） ▼16色（12KB）

図❼
dConstructの画像。色数を減らして容量を半分以下に抑えている

また、2012年末に公開された「**An Event Apart**」[*2]のWebサイト（図❽）は、キービジュアルである青を大胆に使い、少ない色数で構成されています。ビジュアルデザインとしても非常に調和のとれたWebサイトに仕上がっていますが、実はパフォーマンスの観点からもデザインされているのです。

*2
http://aneventapart.com/

図❽
An Event Apartのサイト。少ない色数で構成され、パフォーマンスも最適化されている

画像をぼかして軽くする

　写真などの画像の一部をぼかすことでも、ファイル容量を上手に減らせます。人間が顔に最初に注目をするという習慣を利用して、人の顔にピントを絞り、他の部位をぼかすテクニックです。

　たとえば、前の**dConstruct**では、顔以外の部分をぼかすことによって、ファイルサイズを抑え、写真に深みを与えています（図❾）。どのサイトでも必ず使えるわけではありませんが、テクニックの**1**つとして覚えておくとよいでしょう。

▼ぼかしなし：450×300（30KB） ▼ぼかしあり：450×300（20KB）

図❾ ぼかしによって画像の容量を抑える

Photoshopにおける画像最適化の実践

　ここまでに紹介した画像最適化テクニックについて、Photoshopを例に具体的な実践方法を解説します。なお、Photoshopの基本的な操作方法や、ぼかしとオーバーレイの詳細については別途専門書を参照してください。

オーバーレイを利用した画像の作成

　最初に、オーバーレイを使って色調を統一し、色数を減らす方法を紹介します。風景写真を以下の同一条件で保存し、オーバーレイ処理の有無でファイル容量を比較します。

- 「Web用の保存」を使用
- 画質：80（高画質）、JPEG形式で保存
- 640×480ピクセル

　オーバーレイ処理がない状態で書き出すと、図❿のようになります。このとき、ファイル容量は120KBです。

図❿

処理なし：640×480
（120KB）

　オーバーレイ画像を作成します。[レイヤー]→[新規塗りつぶしレイヤー]→[べた塗り]を選択し、単色で塗りつぶします。サンプルでは、塗りつぶし色を#255e9aにしました。その後、塗りつぶしレイヤーの描画モードを「ハードライト」または「オーバーレイ」に変更します（図⓫）。

図⓫

色調を統一したいカラーで塗りつぶして描画モードを変更する

　描画モードによっては、オーバーレイ処理をした画像が元画像よりも大きくなることがあります。描画モードは、画像の見た目と書き出し容量とのバランスを見ながら選択します。

　図⓬は、描画モードを「ハードライト」にして保存したものです。元画像に比べて8KBの容量削減になっています。

図⓬
「ハードライト」で保存：
640×480（112KB）

図⓭は、オーバーレイ処理なしのときの「Web用に保存」と、オーバーレイ処理のありのときの「Web用に保存」の画面です。

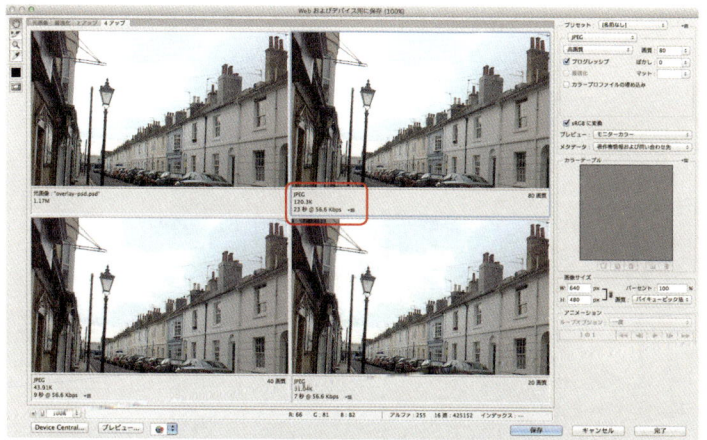

図⓭
「Web用に保存」の画面を比較

◀ オーバーレイ処理なし

◀ オーバーレイ処理
（描画モード：ハードライト）あり

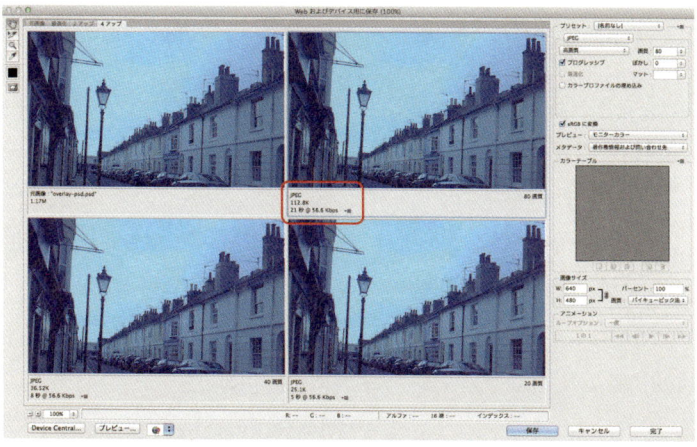

オーバーレイを「ハードライト」にすると色調が大幅に変わってしまいますので、元の写真の印象を損なわない範囲で軽くしたい場合は、描画モードを「色相」に変更してみましょう（図⓮）。

図⓮
描画モードを「色相」に設定

図⓯が実際に保存した画像です。元画像に比べると少しだけ青みがかっていますが、写真全体から受ける印象はそれほど変わっていないことが分かります。

図⓯
「色相」で保存：640×480（114KB）

図⓰は「Web用に保存」したときの画面です。ハードライトに比べると容量は増えていますが、それでも元画像に比べて6KBの削減になりました。

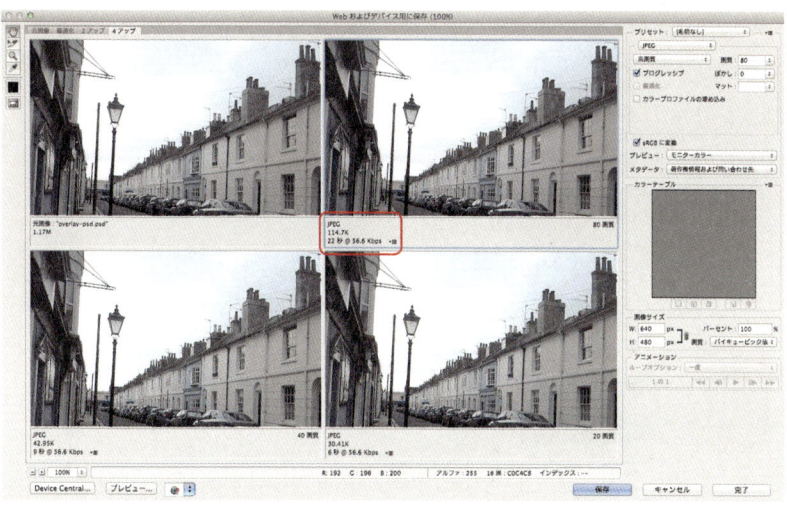

図⑯
オーバーレイ処理（描画モード：色調）あり

ぼかしによる画像の軽量化

次に、焦点を当てたい部分以外をぼかすことで、画像の容量を抑える方法を紹介します。図⑰はオリジナルの画像をそのままPhotoshopで「Web用に保存」したものです。

図⑰
処理なし：640×480
（90KB）

レイヤーを複製した後、レイヤーマスクで焦点を当てたい部分を抽出します。元のレイヤーを選択し、［フィルター］→［ぼかし］→［ぼかし（表面）］を適用します。

この画像では、グラスとコーラの瓶以外にぼかしをかけています（図⓲）。

図⓳は、ぼかしを適用した後、「Web用に保存」した画像です。90KBだった画像が75KBになり、容量を15KB削減できました。

図⓲
ぼかし（表面）の設定

図⓳
ぼかし処理後の画像：
640×480（75KB）

図⓴に、ぼかし適用前／適用後の「Web用に保存」の画面を掲載します。

図⑳ 「Web用に保存」の画面を比較

◀ぼかしなし
◀ぼかしあり

Retina Firstのアプローチ

　高解像度ディスプレイ向けの大きな画像だけをあえて使う「Retina First」というテクニックがあります。JPEGの圧縮効率の高さを利用して、圧縮率を限界まで高めることで容量を抑える方法です。JavaScriptなどを利用して高解像度と低解像度用の画像を切り替える必要がないので、HTTPリクエストを削減でき、シンプルにマークアップできます。

Retina Firstでの画像の最適化

　Retina Firstでは、高解像度用の画像(2x)と低解像度用の画像(1x)を

用意し、Photoshopなどの画像編集ソフトで2xと1xが同等のファイル容量になるまで圧縮率を調整します（図㉑）。

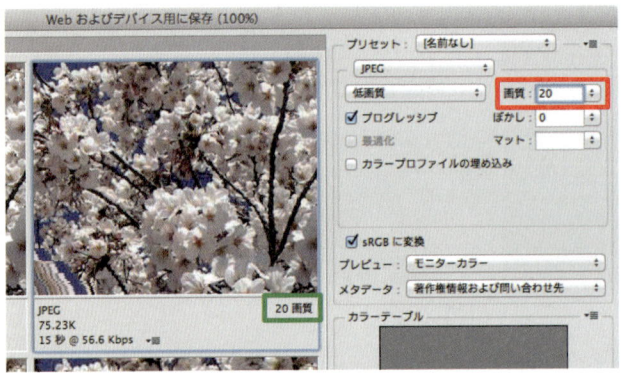

図㉑
「Webおよびデバイス用に保存」の画質を調整する

具体的には、「Webおよびデバイス用に保存」の画面で、最適化されたプレビュー（緑枠の部分）を確認しながら、「画質」（赤枠で囲んである部分）の値を調整していきます。

「画質」は通常、80～100などの高い値（圧縮率が低い状態）に設定すること多いでしょう。そこで、まったく同じ内容でサイズ違いの画像を用意し、画質の設定を変えて比較してみましょう。

- 2x画像：600×600px／画質20～80（20刻みで4段階）
- 1x画像：300×300px／画質80

それぞれ書き出した画像をHTML上で300×300pxにリサイズし、Retinaディスプレイの端末で表示して画質を比較します。2xを画質20の状態では図㉒のようになります。

図㉒
2x画像を画質20に設定

サイズは2倍ですが、ファイル容量は1x画像とまったく同じになりました。図㉓は2x画像の画質を40〜80に20刻みで変更したものです。

図㉓
2x画像を画質40〜80に設定（20刻み）

　2x画像の画質をかなり低く設定しても、1x画像に比べるとはっきり表示されます。つまり、画質を落とした2x画像1枚だけを用意すれば、高解像度端末に十分対応できるわけです。もちろん、実際には写真によっても結果は変わってきますが、高解像度端末へ対応するのであれば検討したいテクニックです。

4-5 パフォーマンスの難関に挑む
ソーシャルメディアボタンの最適化

スマートフォンをターゲットに入れたレスポンシブWebデザインで問題となるのが、ソーシャルメディアボタンです。ソーシャルメディアが普及するにつれて、企業サイトやECサイトであってもソーシャルメディアボタンを設置することが当たり前になりましたが、パフォーマンスの観点で考えると大きな課題があります。[4-5]ではパフォーマンスを損なわないソーシャルメディアボタンの設置方法を考えます。

ソーシャルメディアボタンに対応する3つの方法

　ソーシャルメディアが提供するツイートボタンや「いいね！」ボタンは手軽に設置できますが、配布されているボタン（JavaScriptなどのコード）をそのまま設置すると、ページの表示が非常に遅くなります。

　実際、主要なソーシャルメディアであるTwitter／Facebook／Google+のボタンをブラウザーが表示するのに必要な**HTTPリクエストの数は19、読み込み容量は200KB**[*1]もあり、特にスマートフォンにおいてパフォーマンスを大きく損なうことになります（図❶）。

[*1] http://www.zurb.com/article/883/small-painful-buttons-why-social-media-bu

図❶ ソーシャルメディアボタンの読み込みで発生するHTTPリクエスト

　ソーシャルメディアボタンの課題を解決する方法は3つあります。

1.ソーシャルメディアボタンを設置しない

もっとも単純なのは、思い切ってソーシャルメディアボタンを取り除いてしまうことです。iOSのSafariにはTwitterやFacebookにWebページを共有する機能が搭載されていますし、PC版のブラウザーにソーシャルメディアのアドオンやプラグインを入れているユーザーも多いでしょう。そう考えると、必ずしもWebサイト側にボタンがなくてもよいかもしれません。

レスポンシブWebデザインの大家である**ブラッド・フロスト（Brad Frost）氏のWebサイト**[*2]にはブログも含めて、ソーシャルメディアボタンがありません（図❷）。そのおかげでパフォーマンスを良い状態に保てています。

*2
http://bradfrostweb.com/

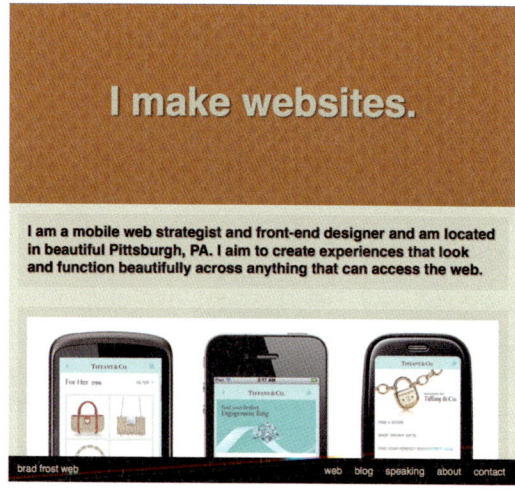

図❷
ブラッド氏のWebサイト。ソーシャルメディアボタンを排除している

2.シンプルなソーシャルメディアボタンにする

ソーシャルメディアが提供するボタンを利用せず、あえてリンクに機能を絞ったシンプルなソーシャルメディアボタンを利用する方法もあります。シェアやツイート数を表示するにはJavaScriptでAPIを呼び出す必要がありますが、ユーザーにシェアしたりツイートしたりしてもらいたいだけであれば、通常のリンクでも十分でしょう。

この場合、以下のようにa要素を記述するだけです。

サンプル❶
chap04/06/01/index.html

```html
<a href="http://www.facebook.com/sharer.php?u=[URL]&t=[タイトル]" class="button facebook">Facebook</a>
<a href="http://twitter.com/home?status=STATUS" title="Click to share this post on Twitter" class="button twitter">Twitter</a>
<a href="https://m.google.com/app/plus/x/?v=compose&content=CONTENT" class="button google">Google+</a>
```

それぞれのリンクはCSS3を使って装飾すればボタン風の見栄えにも整えられます（図❸）。

図❸
CSS3で整えたソーシャルメディアボタン

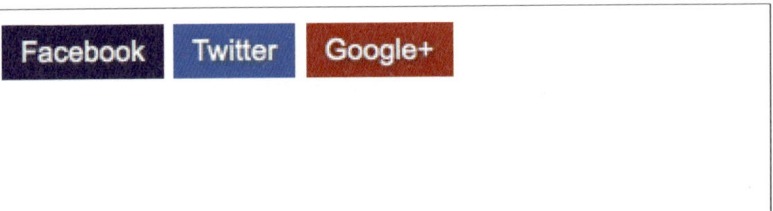

サンプル❶
chap04/05/01/index.html

```css
.button {
    font-family: Arial;
    color: #ffffff;
    font-size: 15px;
    padding: 5px 10px;
    text-decoration: none;
    text-shadow: 1px 1px 3px #666666;
}
.twitter {
    background: #0081ce;
}
.facebook {
    background: #2b4170;
}
.google {
    background: #c33219;
}
```

3.ソーシャルメディアボタンを非同期化する

どうしてもソーシャルメディアボタンを表示したい場合は、非同期で読み込む方法があります。ページが表示されるまでの時間を短縮するために、ソー

シャルメディアボタンの読み込みをJavaScriptであえて遅延させ、Webページの他の部分が表示された後に読み込む方法です。「**Socialite**」[*3]というJavaScriptライブラリーを利用すると手軽に実装できます。

*3 http://socialitejs.com/

Socialiteの使い方

SocialiteはTwitter／Facebook／Google+といった主要なソーシャルメディアに対応したライブラリーです。Socialiteを使うと、ユーザーがマウスをホーバーしたときや、画面をスクロールしたときなど、任意のタイミングでソーシャルメディアボタンを読み込んで表示できます。

たとえば、マウスオーバーしたときにソーシャルメディアボタンを読み込む場合は、サンプル❷のように記述します（socialite.jsとjQueryが必要です）。

サンプル❷
chap04/05/02/index.html

```html
<div class="socialbutton">
<p><a class="socialite twitter-share" href="http://twitter.com/share" data-url="http://socialitejs.com">
    Twitter でツイート </a>
</p>

<p><a href="http://www.facebook.com/sharer.php?u=http://www.socialitejs.com&amp;t=Socialite.js" class="socialite facebook-like" data-href="http://socialitejs.com">
    Facebook でシェア </a>
</p>

<p><a href="https://plus.google.com/share?url=http://socialitejs.com" class="socialite googleplus-one" data-href="http://socialitejs.com">
    Google+ でおすすめ </a>
</p>

</div>

（中略）

<script src="https://ajax.googleapis.com/ajax/libs/jquery/1.7.1/jquery.min.js"></script>
```

```
<script src="socialite.js"></script>
<script>
$(document).ready(function()
{
    $('div.socialbutton').one('mouseenter', function()
    {
        Socialite.load();
    });

});

</script>
```

Socialiteでソーシャルボタンに置き換える要素は、a要素で記述し、class属性にソーシャルメディアの種類を指定します（**表❶**）。

ソーシャルメディア	class名
Facebook	socialite facebook-like
Twitter	socialite twitter-share
Google+	socialite googleplus-one

表❶ Socialiteのclass名

シェア（ツイート）したいページのURLは、Twitterの場合はdata-url属性で、Facebook／Google+の場合はdata-href属性で記述します。

JavaScriptでは、socialite.jsを読み込み、任意のタイミングでSocialite.load()メソッドを実行します。

サンプル❷では、div.socialbutton要素がマウスオーバーされたタイミングでソーシャルメディアボタンを読み込むため、jQueryを使って、mouseenterイベントに対してone()メソッドで一度だけSocialite.load()を実行するようにセットしています。

サンプル❷を実行すると**図❹**のようになります

図❹ Socialiteの実行画面。リンクテキストにマウスを重ねるとソーシャルメディアボタンが読み込まれる

　Socialiteのサイトには、このほかにもスクロールしたときにソーシャルメディアボタンを読み込んだり、ダミーのソーシャルボタンを表示しておいて後で差し替えたりするサンプルもあります。参考にしてください。

Follow up ❾

パフォーマンス計測ツールの利用

　パフォーマンスの改善は一度取り組んで終わりではなく、継続的な改善の積み重ねが大切です。そこで、便利なのが、Webサイトの問題点を探れる「パフォーマンス計測ツール」です。パフォーマンス計測ツールは、有料／無料を問わずたくさんありますが、代表的なツールを紹介します。

Webブラウザーのデバッグツール

　もっとも基本的なパフォーマンス計測ツールは、各ブラウザーのデベロッパーツールです。主なブラウザーには以下のようなデベロッパーツールが用意されています。

ブラウザー名	デベロッパーツール名
Safari	Webインスペクタ
Firefox	Firebug（アドオン）
Google Chrome	デベロッパーツール
Internet Explorer	F12開発者ツール

　どのツールでも、HTTPリクエストやページの読み込みにかかった時間を計測できます。ここではSafariの「Webインスペクタ」の場合を紹介しましょう。

　Webインスペクタは、Safariの[開発]→[Webインスペクタを表示]で起動します（図❶）。

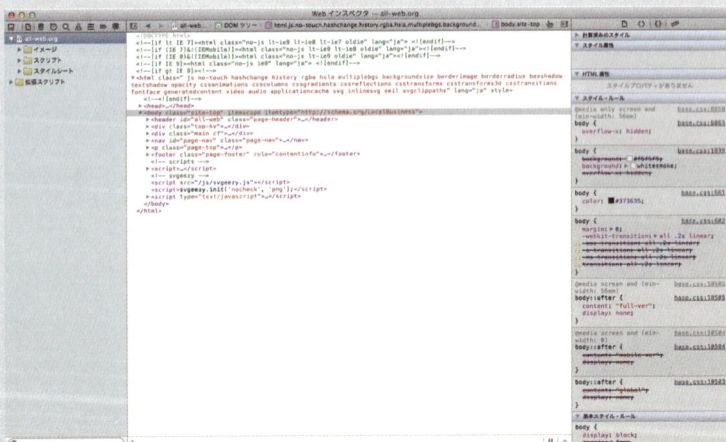

図❶
Webインスペクタの表示

左上にあるアイコンから機能を切り替えられます。パフォーマンスの計測は、ストップウォッチのアイコン（音源）をクリックします（図❷）。

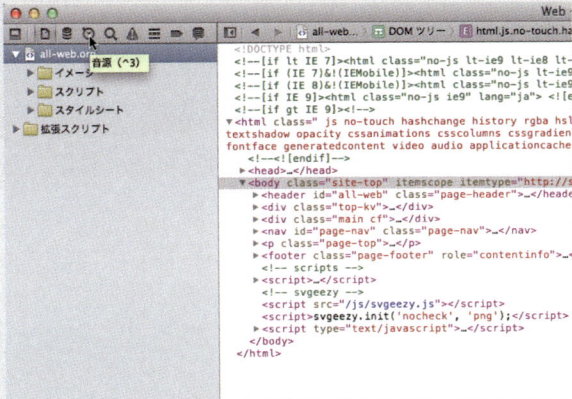

図❷ ストップウォッチのアイコンをクリックする

この状態でページをリロードすると、HTMLやCSS、画像などのファイルサイズや、読み込み／レンダリングにかかった時間、JavaScriptの実行状況などをグラフと表で確認し、ボトルネックとなっている要素を特定できます（図❸）。

図❸ 読み込み時間などが表示される

外部サービスなど、何らかの原因で読み込みに時間がかかっている要素の読み込みを後回しにしたり、思ったよりも容量が大きい画像を差し替えたりできるでしょう。

PageSpeed Insights

グーグルが公開しているページスピード検証ツールが「**PageSpeed Insights**」(https://developers.google.com/speed/pagespeed/insights) です（図❹）。

図❹ グーグルの「PageSpeed Insights」

PageSpeed Insightsは、URLを入力すると、Webサイトのパフォーマンスを100点満点で評価するとともに、「CSSスプライトを利用する」「画像を最適化する」など具体的な改善点を細かく指摘してくれます（図❺）。

図❺ 具体的なレポートが表示される

また、デフォルトではPC（デスクトップ）向けのパフォーマンスを分析しますが、レポート画面で「mobile report」というリンクを選択すると、モバイル向けに分析したレポートも提供されます（図❻）。

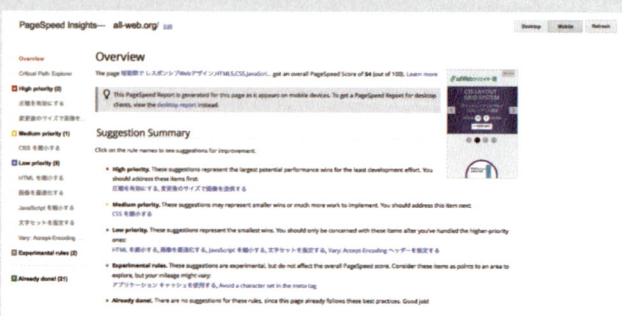

図❻ モバイル向けのレポートも表示される

Mobitest

「Mobitest」(http://mobitest.akamai.com/m/index.cgi)は、モバイルに特化したWebパフォーマンス計測サービスです。世界的なCDN（Content Delivery Network）業者であるアカマイが運営をしています（図❼）。

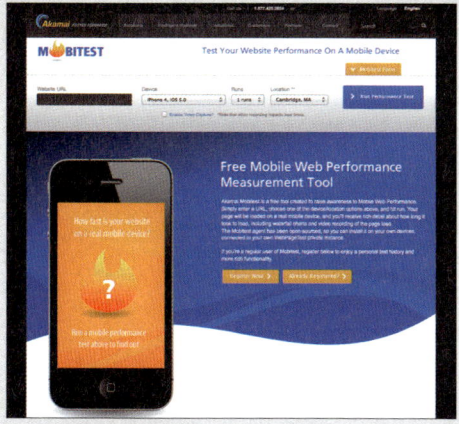

図❼
アカマイが運営する
「Mobitest」

Mobitestの最大の特徴は、実際のデバイスで計測する点にあります。URLを入力してデバイスと計測拠点を選択すると、アカマイのデータセンターにあるスマートフォンが実際にWebサイトにアクセスし、読み込み・表示にかかった時間を計測してレポートとして表示します（図❽）

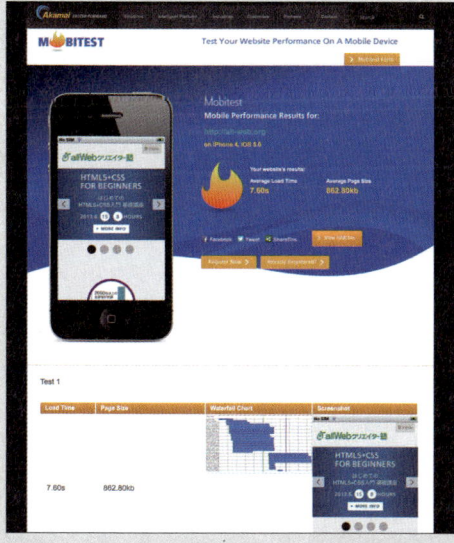

図❽
実際のデバイスでの結果を
レポートとして表示する

4-6 新技術から未来を考える
これからのレスポンシブWebデザイン

ここまでレスポンシブWebデザインのさまざまなテクニック、ノウハウを紹介してきました。本書の最後に、これからのレスポンシブWebデザインがどのように進化するのか、新しい技術の方向性から予測してみましょう。

レスポンシブWebデザインの理想

　レスポンシブWebデザインは、誕生から数年が経ち、画像の読み込みの問題も改善されつつあります。しかし、「レスポンシブ（Responsive＝応答する）」という本来の理想からはまだほど遠い現実があります。

　現在のレスポンシブWebデザインの技術では、レスポンシブタイプセッティングを適用すると、文字サイズはブレイクポイントごとに変わります。これは、図❶のように、段階を追って12px→16px→20pxと大きくなっていくイメージです。

図❶
現在のレスポンシブWebデザインの文字サイズの変化

　しかし、レスポンシブWebデザインの本来の意味からすると、ブレイクポイントに依存せず、スクリーンサイズに合わせてシームレスに文字サイズが変わるのが理想です（図❷）。

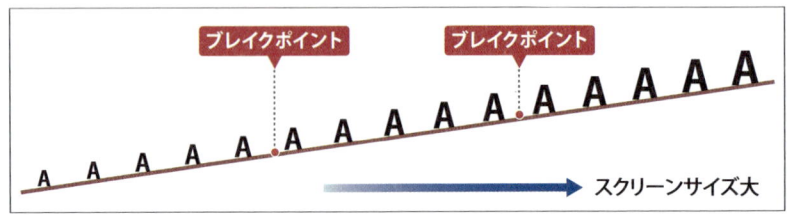

図❷
理想的なレスポンシブWebデザインの文字サイズの変化

次の単位「vm」「vh」「vmin」「vmax」

一方で、アップルのRetinaディスプレイのように、ディスプレイの高解像度化が進み、1ピクセルの実サイズが従来のディスプレイに比べて小さくなる傾向があります。同じピクセルを指定しても実際には意図よりも小さく表示されることが増え、ピクセルに依存したデザインは破綻しつつあります。

そこで、CSSで利用できる新しい単位として注目されているのが、「vw」「vh」「vmin」「vmax」です。vm／vh／vmin／vmaxは「Viewport」を元にした単位で、「**CSS Values and Units Module Level 3**」[*1]で表❶のように定義されています。

*1 http://www.w3.org/TR/css3-values/

単位	意味
vw (viewport width)	Viewportの横幅を100としたときの1/100
vh (viewport height)	Vewportの高さを100としたときの1/100
vmin (viewport minimum)	vw/vhのうち小さい方の値
vmax (viewport maximam)	vw/vhの大きい方の値

表❶ vm／vh／vmin／vmaxの意味

vw／vh／vmin／vmaxはViewportのサイズを基準にした相対的な単位です。つまりViewportが小さくなれば1vwの値も小さくなるので、スクリーンサイズが変わってもその比率を維持したまま、拡大・縮小されます。

ただし、スクリーンサイズが小さくなればなるほど、vw自体のサイズも変更されてしまうので、メディアクエリーの単位としては利用できません。

たとえば、以下のようなCSSを指定します。

```
p { font-size: 2vw}
```

この場合、Viewportの横幅が800pxであれば1vwは8pxとなり、p要素のテキストは実際には16pxで表示されます(図❸)。

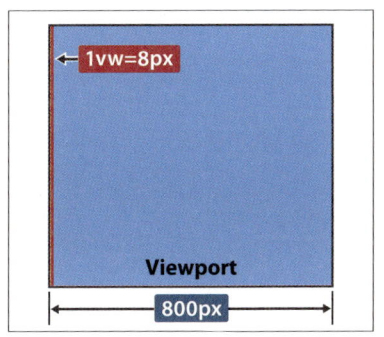

図❸ Viewportが800pxのときの1vw

Viewportが1000pxになれば1vw＝10pxとなり、p要素のテキストは20pxで表示されます（図❹）

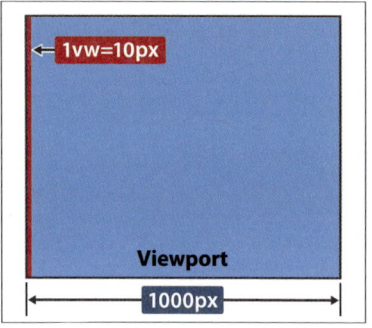

図❹
Viewportが1000pxのときの1vw

このように、vw／vh／vmin／vmaxを利用すると、レスポンシブの理想に近づけると同時に、解像度に依存しないデザインの指定が可能になります。

vw／vh／vmin／vmaxは2013年6月現在、Firefoxなどの一部のブラウザーにしか実装されていませんが、今後実装が進むにつれて、レスポンシブWebデザインの主流になるでしょう。

ネスト化で変わるメディアクエリー

メディアクエリーにも新しい動きがあります。1つは、メディアクエリーをネスト（入れ子に）できるようにしたものです。厳密には仕様書では「**conditional group rules**」[2]と呼ばれており、メディアクエリーを拡張して、条件に合致するものだけを絞り込めるようにしたものです。

一般的なメディアクエリーは以下のようになっています。

*2
http://dev.w3.org/csswg/css3-conditional/

```
@media only screen and (orientation: portrait) and (min-width: 480px) {
    ...
}
@media only screen and (orientation: portrait) and (min-width: 600px) {
    ...
}
@media only screen and (orientation: portrait) and (min-width: 768px) {
    ...
}
```

これをネストにして記述すると以下のようになります。

```
@media only screen {
    @media (orientation: portrait) {
        @media (min-width:480px) {
            ...
        }
        @media (min-width: 600px) {
            ...
        }
        @media (min-width: 768px) {
            ...
        }
    }
}
```

条件を絞り込みながらメディアクエリーを記述できるので、重複した記述がなくなり、現在のメディアクエリーよりもすっきりと記述できるようになります。

より詳細になるCSS4のメディアクエリー

CSS 2.1ではデバイスによって、CSS3では加えてデバイスの状態によってスタイルシートを振り分けられますが、**CSS4のメディアクエリー**[3]ではさらに詳細な条件が可能になります。

[3] http://dev.w3.org/csswg/mediaqueries4/#changes-2012

具体的には、以下のような条件をもとにCSSを振り分けられます。

キーワード	指定できる値	意味
script	整数値	現在のECMAスクリプトをサポートしているかどうか？
pointer	none | coarse | fine	ポインターが使われているかどうか？
hover	整数値	:hover起動する場合
luminosity	dim | normal | washed	デバイスの周辺の明るさによって決定される

表2 CSS4で指定できるメディアクエリーのキーワード

たとえば、ポインターの有無を調べる場合は以下のようになります。

```
@media (pointer:coarse) {
    input[type="checkbox"], input[type="radio"] {
        min-width:30px;
        min-height:40px;
        background:transparent;
    }
}
```

「Luminosity」を利用すると以下のような記述になります。ブラウザーはデバイス自身の明暗の調節の機能とは関係なく、3段階の判定結果（normal／dim／washed）を持ちます。たとえば、スマートフォンでは天気の良い日と暗い日で背景色と文字色を変更する、といったことが可能になるかもしれません。

```
@media (luminosity: normal) {
    p { background: url("texture.jpg"); color: #333 }
}
@media (luminosity: dim) {
    p { background: #222; color: #ccc }
}
@media (luminosity: washed) {
    p { background: white; color: black; font-size: 2em; }
}
```

このように、これからのメディアクエリーでは、よりシンプルな記述で、JavaScriptに頼らないWebサイトを構築できるようになります。

Follow up ❿

スマートテレビと
レスポンシブWebデザイン

　アプリをインストールしたり、Webにアクセスしたりできる「スマートテレビ」が続々と登場しています。テレビ専用のWebサイトを作るのはコストが見合いませんが、デバイスに依存しないレスポンシブWebデザインであれば対応範囲に含められます。スマートテレビに対応するときの注意点をまとめます。

意外なほど低い解像度

　テレビは、スマートフォンやタブレット、パソコンに比べて画面から離れて見るため、多くのテレビでは実際の物理解像度よりもCSSピクセルの値を落として、Webページを拡大して表示するようになっています。

　図❶は、LG製の32インチのスマートテレビの画面を撮影したものです。このテレビの物理解像度は1920×1080pxですが、device-widthは1280px、device-heightは720pxに設定されています。このため、Viewportに「device-width」を指定しても1920pxにはなりません。また、アドレスバーなどのUIが占める面積が大きいため、Viewportの値は1280×601pxとさらに低くなっています。

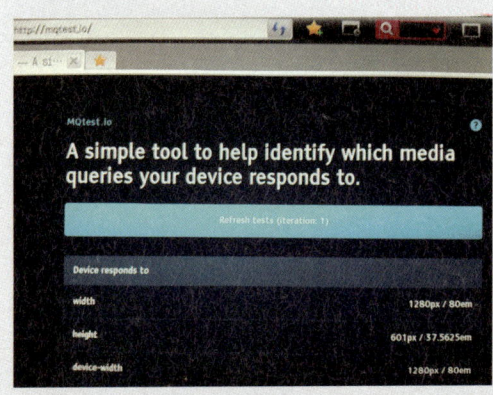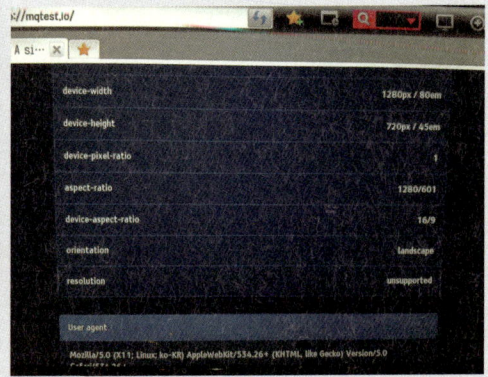

図❶ MQtest.ioの実行結果

パフォーマンスチューニングがキモ

多くのテレビはスマートフォンよりもCPUが非力であり、スマートフォンやタブレットと同等の結果が得られないことがあります。このため、テレビを対象に含めるのであれば、実機でのテストが必須です。

特に、CSS 3やJavaScriptを使ったアニメーションは処理が追いつかず、コマ落ちして表示されることがあります。重要なUIでアニメーションを使うと、ユーザーの操作が阻害され、離脱を招きますので、アニメーションの使いどころは慎重に検討しましょう。

最近では、デュアルコアCPUを搭載する端末が発売されるなど、テレビも高速化の傾向にありますが、製品のライフサイクルが長く、パソコンやスマートフォンほど買い替えがありません。テレビ対応ではパフォーマンスチューニングが肝になります。

バックライトが非常に強い

テレビのバックライトはパソコンやスマートフォンに比べて非常に強く、コントラストの低い画像はフラットに表示されてしまいます。図❷のように、パソコンのブラウザーでは確認できるグラデーションが、テレビでは確認できません。

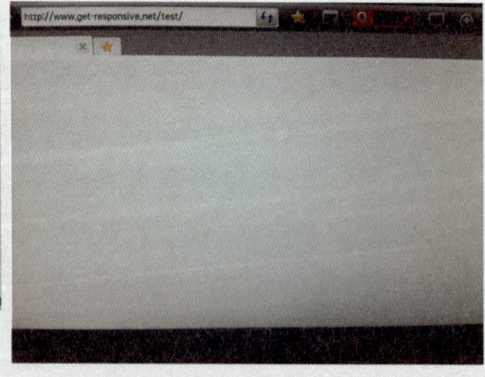

図❷ グラデーションの表示テスト。パソコン（左）では表示できるグラデーションがテレビ（右）では確認できない

テレビでの表示を前提としたWebデザインでは、よりハッキリとした色使いが求められます。

本書は、ASCII.jpの連載「ゼロから始めるレスポンシブWebデザイン入門」(2012年6月4日〜7月17日掲載)を大幅に加筆・修正してまとめたものです。

索引

■記号・数字

-webkit-font-smoothing	107
:after疑似要素	179
:root	105
.ish	172
@media	71
@viewport	42
960 Grid System	65,122

■A〜G

a:hover	54
and（メディアクエリー）	71
Android	13
background	50,52,128
background-image	146
background-size	131
base64	192
Baseliner	170
border-radius	188
box-shadow	56,188
CMS	14
Column Drop	⇒カラム落ち型
Conditional Content Loader	178
conditional group rules	224
CSS	34,61
CSS 2.1	188
CSS Device Adaptation	42
CSS Values and Units Module Level 3	223
CSS with vertical rhythm	103
CSS3	52,119,144,188
CSS4	119,225
CSSピクセル	144,171
Data URI	187,191
DataURL.net	192
device width	33
device-pixel-ratio	138,145
device-width	43
display:block	160
em	90,105,174
EOT	196
extend-to-zoom	43
F12開発者ツール	218
Firebug	218
footer	97
github	121,135
gradient関数	52,188
Griddle.it	124,168

■H〜N

header	50,96
HTML	30
HTML5	30,186
html要素	105
HTTPリクエスト	73,186,191
IcoMoon	193
IcoMoon App	194
IE	⇒Internet Explorer
image-set	146
ImageOptim	198
img要素	121
initial-scale	43
Internet Explorer	30,106,121
iOS	13
iPhone	143
JavaScript	134,187,212
JPEG	209
jQuery	134
Layout Shifter	⇒レイアウト変更型
Less Framework	122,174
line-break	119
link要素	71
marginの相殺	49,120
max-width	45,121
Media Queries	⇒メディアクエリー
Media Queries（サイト）	18
Media Type	⇒メディアタイプ
min-resolution	146
minified	135
Mobitest	221
Mostly Fluid	⇒フルード型
MQtest.io	171
nav	52,96
normalize.css	110
not（メディアクエリー）	71

■O〜Z

Off Canvas	⇒オフキャンバス型
only（メディアクエリー）	71
onmediaquery.js	179
overflow:hidden	52
overflow:scroll	157
PageSpeed Insight	220
Photoshop	203
PlaceIMG	166
PNG	201
ppi	143
px	90,105,174
rem	105
reset.css	110
Response.js	134
Retina First	209
Retinaディスプレイ	143,223
script要素	135
Socialite	215
srcset属性	149
SVG	144,197
text-shadow	188
Tiny Tweeks	⇒微調整型

UA	⇒ユーザーエージェント
user-scalable	42,43
user-zoom	43
vertical-align	38
vh	223
Viewport	33,40,223
Viewport Resizer	34
Vimeo	163
visibility:hidden	130
vm	223
vmax	223
vmin	223
W3C	42,146,149
WebKit	30,107,146
Webインスペクタ	218
Webフォント	193
WHATWG	149
white-space:nowrap	161
Windows Phone	13,30,118
WOFF	196
YouTube	163
zepto.js	134
zoom	43

■あ～か行

アイコンフォント	187,193
アンチエイリアス	107
エラスティックビデオ	163
エラスティックレイアウト	85
オーバーレイ	203
オフキャンバス型	151
ガーター	64,123
カスタムデータ属性	136
画像圧縮ツール	198
画像解像度	138,171
可変レイアウト	⇒リキッドレイアウト
画面設計	27
カラム	64,123
カラム落ち型	151
禁則処理	119
グリッド線	64
グリッドデザイン	19,64
グリッドレイアウトフレームワーク	122
高解像度ディスプレイ	143,209
固定幅レイアウト	⇒フィックスレイアウト
コンテンツファースト、ナビゲーションセカンド	150

■さ～な行

視聴距離	98
スマートテレビ	14,227
スマートフォンサイト	12
ソーシャルメディアボタン	187,212
タイポグラフィ	46
タッチデバイス	155
ディセンダー	38
デザイニングインザブラウザー	26,166
デザインカンプ	26
デバイスピクセル比	138,145
デバッグツール	218
デベロッパーツール	218
ナビゲーション	51,96,150,156
ナビゲーションファースト、コンテンツセカンド	150
ノーマライズ(CSS)	110

■は～ら行

バーティカルリズム	47
ハードライト	204
パフォーマンス	185
パフォーマンス計測ツール	218
ピクセル密度	143
微調整型	151
ビュレット	37
ピンチイン／ピンチアウト	42
フィックスレイアウト	85
フッター	57,97
物理ピクセル	144
フルードイメージ	15,19,44,121,128
フルード型	151
フルードグリッド	19,75,127
フルードデザイン	19,85
ブレイクポイント	61,134,139,174,222
ベースグリッド	103
ベースライン	38
ヘッダー	50,96
ポートレート	13
メイリオ	118
メインコンテンツ	55
メディアクエリー	19,61,70,98,128,161,179,224
メディアタイプ	70
文字コード	37
モバイルファースト	21,73,150
游ゴシック	118
ユーザーエージェント	12,14
ラフスケッチ	28
ランドスケープ	13
リキッドレイアウト	76,85
リセットCSS	37,110
レイアウト変更型	151
レイヤーマスク	207
レスポンシブイメージ	128
レスポンシブタイプセッティング	20,89,120
レスポンシブテーブル	20,157

[著者プロフィール]

菊池 崇 きくち・たかし

Web Directions East (http://east.webdirections.org/) 代表
allWebクリエイター塾 (http://all-web.org/) 講師

大手IT企業、システム会社、Web制作会社のコンサルティングや、企業向け研修、イベント出演、執筆などを行なう。自身でも大手通信会社のアプリ案件のUI設計を担当。モバイルファースト、レスポンシブWebデザインなどの最新情報を日本のWebメディアにいち早く寄稿し、話題を提供している。

●本書の読者アンケート、各種ご案内、お問い合わせ方法は、下記をご覧ください。

http://asciimw.jp/

※本書の記述を超えるご質問(ソフトウェアの使い方など)にはお答えできません。

本文デザイン	●松田周三
カバーデザイン	●POWER HOUSE 大谷昌稔
カバー写真	●HAKU / PIXTA
2章サンプル写真	●PIXTA
図　版	●田尾昌子

レスポンシブWebデザイン
マルチデバイス時代のコンセプトとテクニック

2013年7月31日　初版発行

著　者	菊池 崇	
発 行 者	塚田 正晃	
発 行 所	株式会社アスキー・メディアワークス	
	〒102-8584　東京都千代田区富士見1-8-19	
	電話 0570-003030（編集）	
発 売 元	株式会社KADOKAWA	
	〒102-8177　東京都千代田区富士見2-13-3	
	電話 03-3238-8521（営業）	
印刷・製本	株式会社加藤文明社	

本書は、法令に定めのある場合を除き、複製・複写することはできません。
また、本書のスキャン、電子データ化等の無断複製は、著作権法上での例外を除き、禁じられています。
代行業者等の第三者に依頼して本書のスキャン、電子データ化等をおこなうことは、私的使用の目的であっても認められておらず、著作権法に違反します。
落丁・乱丁本はお取り替えいたします。購入された書店名を明記して、株式会社アスキー・メディアワークス生産管理部あてにお送りください。送料小社負担にてお取り替えいたします。
ただし、古書店で本書を購入されている場合はお取り替えできません。
定価はカバーに表示してあります。

ISBN978-4-04-886323-0 C3004
© 2013 TAKASHI KIKUCHI

Printed in Japan